Jean-Pierre Sylvestre

Les mammifères marins

Éditions Quæ

Collection *Carnets de sciences*

Pollinisation, le génie de la nature
Vincent Albouy
2018, 187 p.

Des insectes en ville
Vincent Albouy
2017, 184 p.

Les insectes sociaux
Eric Darrouzet, Bruno Corbara
2016, 168 p.

Cap sur le grand continent blanc
Sylvain Mahuzier, Jean-Pierre Sylvestre
2016, 184 p.

Les déchets, du big bang à nos jours
Christian Duquennoi
2015, 168 p.

Les insectes, histoires insolites
Patrice Leraut
2015, 120 p.

Oiseaux marins. Entre ciel et mers
Fabrice Genevois, Christophe Barbraud
2015, 200 p.

Éditions Quæ
RD 10
78026 Versailles Cedex
www.quae.com

ISBN (papier) : 978-2-7592-2903-1
ISBN (PDF) : 978-2-7592-2904-8
ISBN (ePub) : 978-2-7592-2905-5

ISSN 2110-2228

Remerciements

Pouvoir autant écrire sur les mammifères marins est un véritable « cadeau » de la vie, car au fil de mes voyages, de mes observations, de mes recherches, de mes réflexions et de mes intuitions, chaque jour passé avec les dauphins, les baleines, les phoques et les lamantins m'apprend toujours quelque chose. Ce cadeau, je le dois en premier lieu à tous ces animaux que j'ai eu la chance d'approcher, d'observer et d'étudier.

Toutefois, un tel livre ne s'écrit pas sans l'aide et la participation active d'un grand nombre de personnes. Je sais fort bien que si mon seul nom apparaît sur la couverture, l'œuvre achevée n'en demeure pas moins le produit d'un travail d'équipe. Dans cette équipe, certaines personnes ont joué un rôle-clé et, sans leur secours, le manuscrit n'aurait jamais vu le jour. Ce sont elles que je désire remercier ici : Johanne April, Sylvain Mahuzier, Pierre Berthiaume, Lyne Poitras, Ingrid Brunner, Nathalie Bénassi, Fabienne Bouché, Véronique Sylvestre, et sans oublier bien sûr mon ami Seiji Ohsumi. Elles ont toujours suivi mes voyages, de près ou de loin, et m'ont beaucoup encouragé.

Toute ma sympathie et mes remerciements vont également à de vieux amis et collègues décédés, mammalogistes et naturalistes, témoins de mes premiers pas en cétologie. Je pense particulièrement aux professeurs Charles Roux, Paul Budker, Lucie Arvy, Bernard Heuvelmans, Giorgio Pilleri, Hideo Omura, Teruo Tobayama, Masaharu Nishiwaki, Wolfgang Gewalt, David et Melba Caldwell et Kenneth Norris.

Mes remerciements s'adressent aussi aux institutions scientifiques suivantes qui m'ont permis d'examiner les spécimens de leurs collections, de les photographier et d'en publier ici les images. Je remercie donc le Musée canadien de la nature (Ottawa), l'*American Museum of Natural History* de New York, le Muséum national d'histoire naturelle de Paris, le musée d'histoire naturelle de La Rochelle, le musée de l'Institut royal des sciences naturelles de Belgique (Bruxelles), le *British Museum of Natural History* (Londres), le *Senckenberg Forschunginstitut und Naturmuseum* (Francfort), le *Zoologisches Museum von Universität* (Hambourg), le *Museum für Naturkunde* (Berlin), le *Zoologische Staatssammlung München* (Munich), l'exposition *Whales of Iceland* de Reykjavik (Islande), le Musée national des sciences de Tokyo et l'Aquarium public de Nagoya (Japon).

Mes plus profonds remerciements vont aussi à mes collègues et amis d'équipage avec qui, en hiver dans l'Antarctique et en été dans l'Arctique, je scrute assidûment les mers et les océans pour en apprendre toujours plus sur les mammifères marins. Je pense aux capitaines Étienne Garcia et Patrick Marchesseau de la Compagnie du Ponant ainsi qu'à mes collègues naturalistes Nicolas Tolstoï, Elsa Frechet, Daphné Buiron, Nathalie et Fred Michel.

Enfin, cet ouvrage n'aurait jamais vu le jour sans la confiance, les remarques et les critiques toujours constructives de mon éditeur, Jean Arbeille, et de ses conseillers, que je remercie vivement pour cette passionnante aventure.

Enfin, je n'oublierai pas mes parents, qui m'ont toujours fortement encouragé à vivre ma passion d'aventurier naturaliste, et à qui je dédie très affectueusement cet ouvrage.

Introduction

Lorsque l'on évoque les mammifères aquatiques, beaucoup pensent aux dauphins et baleines (cétacés). Ces derniers ne sont pas les seuls mammifères vivant dans l'élément liquide. Il en existe plus d'une centaine d'autres espèces, occupant mers, eaux saumâtres ou eaux douces : phoques et otaries (pinnipèdes), lamantins et dugongs (siréniens), loutres de mer (mustélidés) et ours blanc (ursidés), sans oublier desman (talpidé), ragondin et autres castors (rongeurs).

La vie commença dans l'élément liquide. Les premiers vertébrés furent les poissons. Au gré de l'évolution, ces derniers sortirent des eaux et donnèrent naissance aux amphibiens qui, au fur et à mesure, évoluèrent en reptiles. Certains de ces reptiles acquirent une physiologie mammalienne : les pélycosauriens. Ces derniers donnèrent naissance aux premiers mammifères, sous l'ère des dinosaures. Avec l'extinction des dinosaures à la fin du Crétacé, les principales niches écologiques devinrent vacantes. Les mammifères terrestres survivants, toujours primitifs, colonisèrent de nouveaux environnements. Certains retournèrent dans les rivières, les lacs et les océans. Ainsi naquirent les premiers cétacés (archéocètes), les premiers siréniens (qui ont un ancêtre en commun avec les éléphants), les premiers phoques (partageant un ancêtre avec les mustélidés). Bien plus tard, des loutres de rivières s'adaptèrent à l'environnement marin et plus récemment – sur l'échelle géologique, bien sûr – des ours bruns colonisèrent les régions arctiques et évoluèrent vers une forme marine et polaire. Cette transition entre terre et mer est visible, à des degrés différents, dans la morphologie, la vie et les mœurs des différents groupes de mammifères marins. Ainsi, sur notre planète, nous connaissons aujourd'hui cinq « catégories » de mammifères marins : les cétacés, les pinnipèdes, les siréniens, les mustélidés et les ursidés.

Même si ces animaux ne représentent qu'un petit pourcentage des mammifères (2,35 %, soit 133 espèces selon la *Society for Marine Mammalogy*) vivant sur notre planète, les mammifères aquatiques ont colonisé tous les océans depuis les eaux équatoriales jusqu'aux mers polaires, ainsi que certains écosystèmes dulcicoles. Au gré de l'évolution de ces groupes, les nombreuses contraintes de l'environnement aquatique ont façonné chez eux des adaptations remarquables, non seulement au niveau de leur morphologie, mais aussi de leurs comportements et surtout de leur physiologie. Certaines espèces détiennent des records dans le monde animal et aussi dans celui des mammifères, par leur taille, la longueur de leurs migrations, la durée de leurs apnées et leur longévité.

Sommaire

Remerciements 3

Introduction 5

De la terre à la mer 9
Retours à l'élément liquide 11
La diversité des mammifères marins 21
Des mammifères aquatiques de toutes tailles 30

Des mammifères adaptés au milieu liquide 33
Des silhouettes variées 35
Des squelettes hétéroclites 42
Des adaptations biologiques 49

Sentir et communiquer dans l'eau 57
Des sens adaptés à l'environnement aquatique 59
Une communication performante 72

Une vie amphibie ou aquatique 85
Respirer en milieu aquatique 87
Territoires et déplacements des mammifères marins 97

Naître sur terre ou sous l'eau 107
La sexualité des mammifères marins 109
Naître sous l'eau 117
L'hybridation chez les mammifères marins 123
L'allaitement 126

Des prédateurs ou des brouteurs 131
Des dentures très diverses 133
De multiples régimes alimentaires 140
Particularités du système digestif des mammifères aquatiques 151

Une cohabitation forcée avec les humains 155
Des records de longévité chez les mammifères marins ? 157
L'état des populations 159
Difficile de vivre sur la même planète que les humains 160
L'espoir est là 161

Bibliographie 164

Crédits iconographiques 168

De la terre à la mer

De la terre à la mer

Été 1998, région de Castellane, Alpes-de-Haute-Provence. À près de 1 000 m d'altitude, le soleil se lève derrière l'immense chaîne alpine. Voilà déjà une bonne heure que je marche sur les sentiers caillouteux de ce beau paysage. Myette Guiomar, paléontologue et spécialiste des siréniens fossiles, me guide vers un site fossilifère unique en Europe. Nous arrivons enfin. Dans la roche calcaire, plus d'une dizaine de squelettes, presque complets, de dugongs fossiles sont pétrifiés et soudés dans les sédiments. Il s'agit d'un véritable « cimetière » de vaches marines *Eosiren*, vieux de 35 millions d'années. À cette époque, au milieu du Cénozoïque, les Alpes n'existaient pas et la région était un rivage marin riche en faune.

Si, aujourd'hui, le monde aquatique est colonisé par les poissons et les mammifères marins, il fut des époques où d'autres groupes d'animaux avaient le dessus. Au cours du Paléozoïque (de – 570 à – 240 millions d'années), les plantes, les invertébrés, les poissons dominèrent à tour de rôle mers et océans. Puis, au Mésozoïque, les reptiles conquirent les milieux liquides par l'intermédiaire des ichtyosaures, plésiosaures, mosasaures et autres tylosaures, pour régner sur les immenses étendues d'eau durant 180 millions d'années !

Page précédente
L'*Eosiren* serait un dugongidé ressemblant à ce dugong australien. Ce sirénien occupait les eaux chaudes lagunaires ou côtières du sud de la France, il y a 35 millions d'années.

Retours à l'élément liquide

Fin du Mésozoïque : des niches écologiques se libèrent

Au cours du Mésozoïque (de – 245 à – 65 millions d'années), les reptiles occupèrent toutes les niches écologiques : les ptérosaures dominaient les airs, les plésiosaures et ichtyosaures les mers et les dinosaures les terres. Quant aux mammifères, apparus entre-temps au Trias supérieur (– 225 millions d'années), ils étaient terrestres et en général de petite taille. Au début du Crétacé (– 125 millions d'années), les premiers mammifères placentaires se développèrent et furent abondants tout en restant terrestres et petits… enfin, presque, car l'un d'entre eux (*Repenomamus robustus*) était de taille modeste (1 m de long) et s'alimentait de petits dinosaures. Toutefois, les paléontologues ont mis au jour des fossiles d'un étrange synapside mammaliaforme inféodé au milieu liquide, dans les couches du Jurassique chinois (– 164 millions d'années) : *Castorocauda lutrasimilis*. Long d'une quarantaine de centimètres, il présentait une anatomie exceptionnelle pour un « mammifère primitif » : une queue de castor, un corps svelte de loutre et des pattes palmées et fouisseuses d'ornithorynque. C'était donc un animal très spécialisé et peut-être le premier « mammifère » aquatique.

À la fin du Crétacé (– 65 millions d'années), notre planète est touchée par une importante période d'extinction : la crise Crétacé–Tertiaire (ou crise d'extinction K–T). Entre 65 et 70 % des espèces disparaissent, dont les dinosaures. Les mammifères sont également touchés par la crise mais dans une moindre mesure. Les pertes sont sévères chez les mammifères multituberculés ainsi que chez les marsupiaux (chez ces derniers, seule une lignée sur quatre survit). Par contre, les mammifères placentaires s'en sortent avec un minimum de dommages. Ils ont alors la planète à conquérir ainsi que la plupart des milieux naturels : terre, air et mer. De nombreuses lignées mammaliennes voient alors le jour au Paléocène (entre – 65 et – 55 millions d'années). Ces mammifères sont encore de petites tailles certes, mais déjà on note une importante diversification dans la denture. Beaucoup d'entre eux s'éteignent à la fin de cette période et les plus résistants passent le cap de l'Éocène (– 55 millions d'années). Très vite s'ensuit une intense diversification. La plupart des ordres actuels de mammifères placentaires font alors leur apparition. Certains d'entre eux retournent dans l'élément liquide et partent à la conquête des mers et des océans. Ces animaux donneront naissance aux mammifères aquatiques actuels.

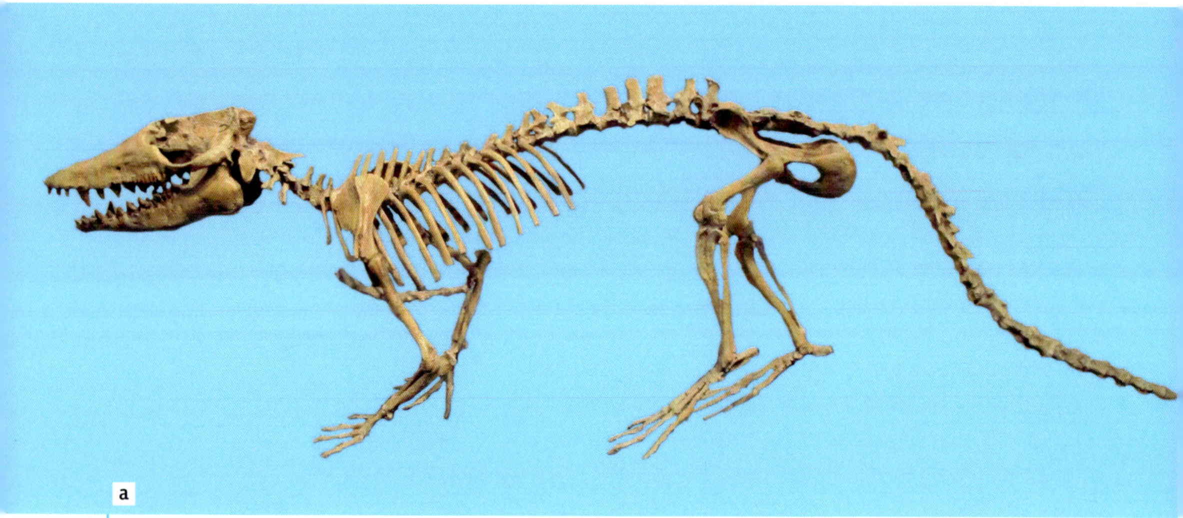

Squelettes complets de deux archéocètes de l'Éocène : (**a**) *Pakicetus attocki* (Pakistan), – 55 à – 40 millions d'années, et (**b**) *Ambulocetus natans* (Pakistan), – 50 millions d'années.

De quatre pattes à deux nageoires

Grâce aux nombreuses découvertes paléontologiques des 40 dernières années, on sait que les premiers cétacés avaient quatre pattes et étaient donc terrestres. Ces espèces fossiles ont été regroupées dans un sous-ordre bien distinct : les archéocètes. Leurs squelettes articulés fossiles ont été mis au jour au Pakistan et baptisés *Pakicetus attocki*, *Rodhocetus balochistanensis*, *Ichthyolestes pinfoldi*, *Artiocetus clavis* et *Maiacetus inuus*. Les plus anciens sont ceux du *Pakicetus* (– 52 millions d'années). Son nom signifie « cétacé du Pakistan » et il s'agissait d'un animal quadrupède de 1,75 m de long, adapté à la course. Le paléontologue étasunien Hans Thewissen, découvreur des principaux cétacés fossiles à quatre pattes pakistanais, a mis par la suite au jour, en janvier 2000, dans la région de Kutch en Inde, le squelette articulé et presque complet d'un autre ancêtre des baleines et dauphins : le *Kutchicetus minimus*. Celui-ci, moins vieux que les précédentes espèces, date de l'Éocène inférieur et moyen (– 45 millions d'années). Puis en 2007, Thewissen a redécouvert, dans une collection, des ossements fossiles d'un étrange mammifère un peu plus jeune (– 48 millions d'années) que *Pakicetus* mais tout aussi intéressant. Ces derniers avaient été découverts une trentaine d'années plus tôt au Cachemire. Nommé *Indohyus*, cet artiodactyle semi-aquatique, proche sur le plan phylogénétique des cétacés et contemporain de *Pakicetus*, serait comme lui un des descendants de l'ancêtre des cétacés, même si certains paléontologues doutent d'une telle affiliation. Affaire à suivre…

b

En tout cas, *Pakicetus*, *Rodhocetus*, *Ichthyolestes*, *Artiocetus*, *Maiacetus* et *Kutchicetus* étaient de mœurs amphibies et vivaient comme nos hippopotames : une petite partie de la journée sur terre et une grande partie dans l'eau. Des millions d'années s'écoulèrent et, au fur et à mesure, les archéocètes quadrupèdes se réfugièrent dans l'élément liquide. Leur corps se transforma en conséquence. Les narines situées au bout du museau se déplacèrent vers le sommet du crâne, la tête et l'ensemble de leur corps s'allongèrent, les membres antérieurs et postérieurs se réduisirent et les pattes arrière finirent par dégénérer, voire disparaître, alors que les pattes avant se transformèrent en nageoires.

Il y a 40 millions d'années, deux grandes familles d'archéocètes se partageaient les mers et les océans de l'Éocène : les protocétidés et les basilosauridés. Les basilosauridés sont les mieux connus grâce au *Basilosaurus* (appelé aussi *Zeuglodon*, basilosaurinés) et au *Dorudon* (dorudontinés). Ces mammifères marins archaïques présentaient une morphologie corporelle hydrodynamique, plutôt allongée que fusiforme, et avaient également en commun des membres postérieurs toujours entiers mais fortement réduits. Petit à petit, les basilosauridés disparurent durant l'Éocène moyen tandis que se développaient – probablement à partir des basilosaurinés – les ancêtres directs des cétacés actuels : les odontocètes et les mysticètes. Ces deux parvordres (c'est-à-dire des clades, au niveau du sous-ordre, utilisés désormais dans la classification phylogénétique) évoluèrent ensuite selon deux objectifs alimentaires différents. Quant aux archéocètes, ils disparurent définitivement à la fin de l'Éocène, il y a 33 millions d'années.

L'hippopotame, proche parent des cétacés

Il y a une vingtaine d'années (1994), des études génétiques (basées sur la protéine cytochrome b) ont confirmé que les dauphins et les baleines sont étroitement liés avec les sangliers, les bisons et surtout les hippopotames. Grâce à cette étude génétique, on sait maintenant que les archéocètes et les hippopotames avaient un ancêtre commun, vivant à la fois dans l'eau et sur terre, il y a 55 millions d'années. Puis, peu à peu, il y eut une division ; les archéocètes abandonnèrent la terre ferme pour devenir des animaux entièrement aquatiques, tandis que l'autre groupe à quatre pattes, les anthracothères, conquérait les milieux humides avant de disparaître, il y a moins de 2 millions d'années, en laissant un seul groupe de descendants : les hippopotames. Les hippopotamidés sont représentés aujourd'hui par deux espèces semi-aquatiques africaines : l'hippopotame (*Hippopotamus amphibius*) et l'hippopotame nain (*Choeropsis liberiensis*). Les hippopotames, tout comme les cétacés, ont une peau lisse, une épaisse couche de graisse sous-cutanée et une ouïe très développée. D'autre part, leur lait se rapproche de celui des cétacés, qui est souvent huit fois plus riche en graisse et en vitamines que celui des vaches. Ces quatre caractéristiques seraient, en quelque sorte, un héritage commun de leur ancêtre.

L'hippopotame est très proche génétiquement des baleines et des dauphins mais, contrairement aux cétacés, ce pachyderme amphibie ne nage pas sous l'eau : il court sur le fond, d'où son nom signifiant « cheval de fleuve ».

Squelette fossile entier de l'odontocète *Eurhinodelphis longirostris* du Miocène (– 20 à – 15 millions d'années) dont on a retrouvé des traces de la présence aux États-Unis (Maryland), en France et en Belgique.

Apparition des cétacés actuels

Nous possédons actuellement peu de matériaux fossiles pour cerner la division entre les archéocètes et les deux principaux groupes des cétacés actuels, à savoir les odontocètes et les mysticètes. Il est également difficile de préciser à partir de quel moment ces deux parvordres ont finalement acquis leurs caractères « modernes ». Les premiers fossiles d'odontocètes remonteraient à environ 30 millions d'années. Quant aux plus anciens mysticètes, leurs fossiles ont été datés entre – 39 et – 29 millions d'années. Il s'agit dans ce cas de formes primitives. Les formes actuelles que nous connaissons ne sont pas si anciennes. Les baleines franches par exemple ont 22 millions d'années d'évolution, les dauphins 11 millions d'années, les marsouins 6 millions d'années et les rorquals, le narval et le béluga seulement 5 millions d'années.

Haruka, le dauphin à « quatre pattes »

Au printemps 2006, les pêcheurs japonais du village portuaire de Taiji capturèrent dans leurs filets un grand dauphin femelle (*Tursiops truncatus*) énigmatique âgé de 5 ans. En effet, ce cétacé présentait, en plus de ses deux nageoires pectorales, une paire de nageoires « pelviennes ». Intrigués par cet étrange mammifère marin, ils le gardèrent vivant et l'offrirent au delphinarium de Taiji. Ce dauphin nommé Haruka suscita un vif intérêt chez les scientifiques japonais. Les biologistes avaient déjà répertorié des cas d'anomalies similaires chez les dauphins et les baleines, mais rien d'aussi développé que ces deux ailerons « pelviens » de la taille d'une main. S'il s'agissait la plupart du temps d'os internes connectés aux os pubiens chez des embryons, cette fois-ci, ils avaient affaire à deux nageoires très développées chez un individu adulte.
Pour les spécialistes japonais, cette paire de nageoires supplémentaires symétriques constitue un cas d'atavisme, sorte de relique ancestrale de l'ancienne vie des cétacés. Il s'agirait dans ce cas-là de la réapparition d'un caractère ancestral (les deux pattes postérieures) chez ce dauphin, qui normalement ne devrait pas le posséder. Ce phénomène génétique et anatomique est intéressant car il démontre qu'un gène peut rester en

« dormance » pendant une période très longue (évaluée à plusieurs dizaines de millions d'années dans ce cas), à l'intérieur du bagage génétique d'innombrables générations. En effet, la paléontologie nous enseigne que les dauphins et les baleines ont pour ancêtre commun un mammifère terrestre quadrupède qui vivait il y a 52 millions d'années. Cette évolution vers les formes actuelles s'est amorcée il y a 40 à 35 millions d'années, avec des cétacés primitifs (que l'on a appelés archéocètes) qui ont muté puis perdu peu à peu leurs pattes arrière pendant qu'ils s'adaptaient au milieu aquatique. Ces membres postérieurs se sont peut-être transformés en nageoires « pelviennes » puis ont totalement disparu avec les premiers cétacés à dents et à fanons (il y a 30 à 23 millions d'années). Enfin, presque ! Les membres subsistent sous forme de reliques durant le développement embryonnaire. Les embryons des dauphins — au premier stade du développement — voient leurs membres postérieurs se former puis se rétracter jusqu'à disparaître complètement, laissant place ensuite aux fameux os pelviens (ou os abdominaux), véritables vestiges du bassin.

Haruka, un cas d'atavisme chez les cétacés. Ce grand dauphin capturé au Japon présente deux « nageoires pelviennes » rudimentaires qui sont des vestiges des membres antérieurs visibles chez les archéocètes.

Ces membres surnuméraires chez Haruka pourraient donc être le résultat d'une mutation génétique provoquant la résurgence des membres supplémentaires des ancêtres des cétacés. Cet atavisme est très rarement observé chez les cétacés. Une présence de membres postérieurs a été par ailleurs signalée chez des embryons de mégaptères, de marsouins de Dall et de lagénorhynques de l'Atlantique, ainsi que sur des adultes chez le cachalot, le dauphin commun, le dauphin bleu et blanc et le globicéphale noir, souvent sous une forme très rudimentaire. Après la mort d'Haruka en avril 2013, les cétologues japonais, sous la direction du Pr Seiji Ohsumi, ont étudié l'anatomie de ses « membres postérieurs ». Ils ont découvert la présence d'os vestigiaux (fémur, tibia, fibula, tarsiens, métatarsiens et même quelques phalanges), connectés à un bassin rudimentaire. Une véritable machine à remonter le temps qui permettra aux scientifiques, on n'en doute pas, de percer certaines énigmes sur l'évolution des cétacés.

Les siréniens à la conquête du milieu marin

On a longtemps supposé que, lors de la période relativement chaude de l'Éocène (il y a 54 à 38 millions d'années), un mammifère amphibie quadrupède, cousin des premiers éléphants, broutait dans les vastes herbiers de zostères, recouvrant les fonds des eaux tropicales peu profondes de l'Atlantique occidental et des Caraïbes. Cet animal aurait été l'ancêtre des siréniens. Cette supposition fut confirmée, à la fin des années 1990, par la découverte, à la Jamaïque (site des sept rivières), d'un squelette complet de sirénien fossile à quatre pattes. On ne pouvait pas mieux trouver ! Nommé en 2001 *Pezosiren portelli* par le spécialiste étasunien des siréniens fossiles Daryl P. Domning, ce « chaînon manquant », d'une beauté scientifique exceptionnelle, datant de l'Éocène (il y a 50 millions d'années), ressemble beaucoup au lamantin et au dugong, sauf qu'il est doté de pattes pour marcher, aussi bien antérieures que postérieures, là où lamantins et dugons ont des nageoires à l'avant et pas de membres à l'arrière.

On connaissait déjà des fossiles de premiers siréniens (avec *Prorastomus sirenoides*) retrouvés dans les couches de l'Éocène de la Jamaïque, mais les pièces ostéologiques étaient incomplètes et ne permettaient pas de savoir si cet animal était un quadrupède. Cela dit, la présence des quatre membres nous indique aussi que ce « lamantin » ne vivait pas exclusivement dans l'élément liquide. Au contraire, il évoluait probablement comme un hippopotame, marchant sur la terre ferme et passant une grande partie de son temps dans l'eau, en se servant de ses pattes pour marcher au fond et pour nager. Son crâne est à n'en pas douter proprement sirénien, et identique à celui du lamantin.

Pezosiren est-il ou non le véritable ancêtre du lamantin et du dugong ? C'est en tout cas un sérieux prétendant. Après le refroidissement du climat, il y a 38 à 26 millions d'années, les herbiers marins régressèrent. Les lamantins, par exemple, apparus au Miocène (il y a 26 à 7 millions d'années), ont vécu à une période géologique qui a favorisé la croissance des plantes d'eau douce, dans les rivières riches en substances nutritives des côtes sud-américaines. Contrairement aux herbiers de zostères, les plantes flottantes des rivières d'Amérique australe contiennent de la silice, une matière abrasive qui use prématurément les dents des herbivores. Les lamantins se sont alors adaptés à ce phénomène, avec la faculté de remplacer leurs dents usagées.

Un squelette fossile de sirénien (– 28 à – 23 millions d'années), *Halitherium schinzi*.

Les desmostyliens

Entre la fin du Paléogène et le milieu du Néogène (entre – 31 et – 7 millions d'années) vécut, sur notre planète, un groupe de mammifères aquatiques plutôt amphibies à forme d'hippopotame : les desmostyliens (*Desmostylia*). Leurs fossiles ont été mis au jour dans le bassin nord pacifique (entre le Japon et la Basse-Californie, Mexique) dans des dépôts marins de l'Oligocène moyen et supérieur jusqu'aux sédiments du Miocène supérieur. Mais c'est surtout sur les sites fossilifères miocènes de la Californie, de l'Oregon et du Japon que leurs restes sont abondants. Une douzaine d'espèces ont été ainsi décrites dans les genres *Ashoroa*, *Behemotops*, *Cornwallius*, *Desmostylus*, *Kronotherium*, *Paleoparadoxia* et *Vanderhoofius*. Il s'agit de gros mammifères quadrupèdes semi-aquatiques vivant donc à la fois sur terre et dans les milieux marins des côtes, des lagunes et des estuaires.

Squelette (**a**) et reconstitution (**b**) du desmostylien *Paleoparadoxia tabatai* du Miocène japonais (– 20 à – 10 millions d'années).

De récentes analyses isotopiques et morphométriques ont apporté des informations sur leur mode de vie. D'abord, ces mammifères pouvaient se mouvoir aussi bien dans l'eau que sur terre, toutefois, leurs membres étaient plutôt adaptés à une locomotion terrestre. Ensuite, leur alimentation était essentiellement marine. Les desmostyliens ont été classés dans le nouveau clade phylogénétique des paenungulés, au même titre que les éléphants et les siréniens.

Quand les pinnipèdes prennent le large

Nous avons vu avec les siréniens que la découverte du *Pezosiren* a été déterminante pour comprendre l'évolution des lamantins et des dugongs. Chez les pinnipèdes, c'est une autre trouvaille tout aussi extraordinaire qui va offrir des pistes aux paléontologues sur l'évolution de l'ordre des carnivores. Dans les années 1990, généticiens, zoologistes et paléontologues pensaient que les pinnipèdes étaient soit un groupe polyphylétique (à savoir que les otaries, les morses et les ours auraient un ancêtre commun et même chose du côté des phoques et des mustélidés), soit un groupe monophylétique (tous les pinnipèdes auraient un ancêtre commun). Au départ, les généticiens proposaient de classer les otaries et les morses dans les ursidés et les phoques dans les mustélidés. Mais en 2005, une étude de biologie moléculaire allait donner raison à la seconde thèse, à savoir une origine commune pour les trois familles de pinnipèdes. Cette étude génétique démontrait non seulement que tous les pinnipèdes étaient membres d'un taxon monophylétique, mais aussi qu'ils étaient tous apparentés aux ursidés au sein des caniformes. Cette étude fut surtout confirmée en 2007 par la découverte d'un squelette fossile unique au monde, celui d'un chaînon manquant entre les otaries, les morses et les phoques : *Puijila darwini*.

Cet étrange animal a été mis au jour par l'équipe de paléontologues canadiens du Musée de la nature d'Ottawa et dirigée par Natalia Rybczynski dans le Grand Nord canadien (île Devon, Nunavut). Ses restes fossiles datent du début du Miocène (entre – 24 et – 20 millions d'années) et – ce qui est exceptionnel – le squelette est complet à 65 %. Cette découverte, dans des dépôts d'origine continentale et lacustre du cercle arctique canadien, vient mettre un terme aux spéculations taxonomiques. D'une longueur d'un mètre de la pointe de son museau à l'extrémité de sa queue, *Puijila* possède un crâne assez semblable à celui de la loutre de mer, avec de larges orbites, un museau court et une cavité crânienne bien développée. D'évidence, *Puijila* était un mammifère semi-aquatique. Les extrémités de ses phalanges sont aplaties au point de laisser penser que ses mains et ses pieds étaient probablement palmés et capables aussi bien de nager que de marcher. Nous avons affaire à un animal qui passait beaucoup de temps dans l'eau où il nageait et qui une fois sur terre pouvait courir, tout cela à la manière d'un chien. *Puijila* est confortablement à cheval entre la terre et l'eau, dans l'ascendance des pinnipèdes et, comme le *Pezosiren*, il est une de ces beautés exceptionnelles de l'évolution du monde animal, un véritable « chaînon manquant » entre l'ancêtre terrestre et les descendants marins tels que nous les connaissons à l'heure actuelle.

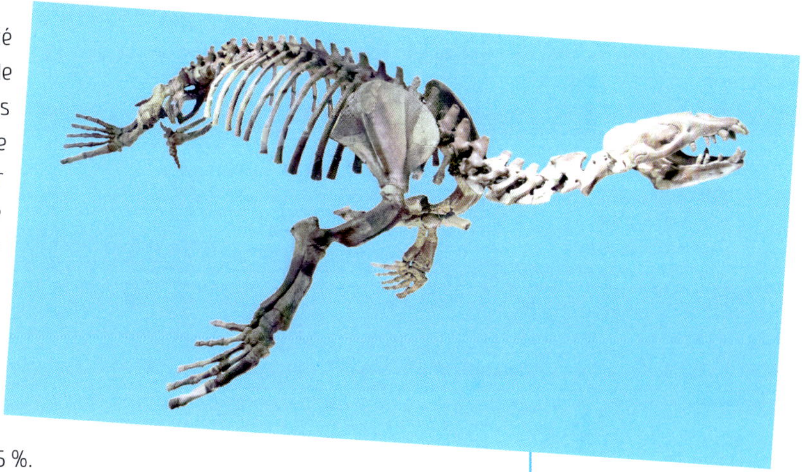

Squelette complet du pinnipède fossile *Allodesmus* du Miocène japonais (– 20 à – 10 millions d'années).

On a encore très peu de données paléontologiques sur les origines des trois familles de pinnipèdes. Par exemple, on ne sait toujours pas comment et pourquoi s'est faite cette séparation entre les otaries, les morses et les phoques. Il est certain que les plus anciens « pinnipèdes » sont des phocidés (phoques). Les plus vieux fossiles ont été mis au jour en Caroline du Sud et datent de l'Oligocène supérieur (– 29 à – 23 millions d'années). Les odobénidés (morses) les plus anciens ont été découverts dans les dépôts du Miocène moyen (entre – 16 et – 14 millions d'années) du Pacifique nord occidental et ont pour noms *Proneotherium* et *Prototaria*. Enfin, les otariidés (otaries) sont un peu plus récents. Leur origine remonterait au Miocène supérieur (– 11 millions d'années) californien avec *Pithanotaria starri*.

Loutre et ours emboîtent le pas

L'ours blanc est un excellent nageur acclimaté aux régions froides de l'hémisphère Nord.

Les pinnipèdes ne sont pas les seuls carnivores à s'intéresser à l'élément liquide et à s'y être spécialisés par leurs mœurs et leur adaptation. Les loutres et les ours auront été les derniers, sur l'échelle géologique, à plonger dans ce nouvel environnement. Chez les mustélidés, l'ancêtre des loutres était forcément un mammifère terrestre. Il faut revenir 30 millions d'années en arrière pour trouver des traces des premières loutres aquatiques, qui étaient dulcicoles. Quant aux premières loutres marines, elles ont été trouvées dans des dépôts du début du Miocène et de la fin du Pliocène (entre – 6 et – 4 millions d'années) en Europe (Espagne) et en Amérique du Nord (Floride et Californie) : il s'agissait de deux espèces géantes de loutre de mer (*Enhydritherium terraenovae* en Floride et *E. lluecai* en Espagne). Les restes fossiles de la loutre de mer actuelle ne sont connus qu'à partir du Pléistocène et ont été découverts dans d'anciens dépôts marins californiens datés de – 3 à – 1 million d'années (*Enhydra macrodonta*).

Quant aux ursidés, ils sont bel et bien les « bleus » sur l'échelle de l'évolution des mammifères aquatiques. Il y a 30 millions d'années (fin de l'Éocène et début de l'Oligocène), une branche de mammifères de l'ordre des carnivores divergea, donnant deux nouvelles lignées : les procyonidés (raton laveur) et les ursidés (avec *Hemicyon*, d'origine asiatique). Très vite, des ours primitifs – terrestres – se spécialisèrent et donnèrent naissance à de nouveaux taxons. Les ours à lunettes (*Tremarctos*) se séparèrent des autres ours au Miocène moyen (– 13 millions d'années). Les six principales espèces d'ursidés apparurent alors au Pliocène supérieur (– 4,2 millions d'années). Les plus anciens fossiles d'ours blancs datent du Pléistocène supérieur (entre – 130 000 et – 110 000 ans) et ont été trouvés à Poolepynten (Prins Karls Forland, Spitzberg).

Paléontologues et zoologistes ont souvent polémiqué sur l'origine de l'ours blanc. La plupart pensaient que ses origines étaient terrestres. C'est ce que des études génétiques moléculaires (séquences du gène de mitochondries) ont confirmé en 2010 : l'ours blanc aurait divergé de l'ours brun au milieu du Pliocène. Toutefois, en 2012, des généticiens étasuniens, norvégiens et islandais ont analysé du matériel génétique nouvellement identifié sur une mâchoire d'ours blanc trouvée au Spitzberg et vieille d'au moins 115 000 ans. Selon cette étude, l'ours blanc aurait en fait divergé de l'ours brun bien plus tôt – au tout début du Pliocène (entre – 5 et – 4 millions d'années). Il se serait détaché de l'ours brun en raison d'une alimentation composée essentiellement de mammifères marins.

Durant ce laps de temps très court sur l'échelle géologique, les ours blancs s'adaptèrent aux conditions polaires (par une queue courte et des oreilles rondes, petites, plaquées contre la tête pour éviter les pertes de chaleur). Sur leur peau entièrement noire, l'ancien pelage brun se transforma en une épaisse fourrure blanche, plus ou moins jaunâtre.

La diversité des mammifères marins

Au moment de l'écriture de ce livre (2017), 133 espèces de mammifères aquatiques ont été décrites et sont reconnues par l'ensemble des mammalogistes, officiellement validées par la *Society of Marine Mammalogy* : 89 sont des cétacés (dont une est éteinte depuis peu – le dauphin du Yangtsé) ; 35 sont des pinnipèdes (dont deux ont disparu – le lion de mer du Japon et le phoque moine des Caraïbes) ; 5 sont des siréniens (dont une est éteinte – la rhytine de Steller) ; 3 sont des mustélidés (une est éteinte – le vison de mer) ; et une est un ursidé.

Un cétacé odontocète : l'inie, ou dauphin de l'Amazone. Cette espèce endémique des eaux douces du nord de l'Amérique du Sud fréquente non seulement l'Amazone et l'Orénoque, mais aussi les affluents, les rivières et les autres cours d'eau tributaires de ces deux écosystèmes fluviaux.

Les cétacés : les plus aquatiques des mammifères

Les cétacés ont été divisés en deux parvordres : les cétacés à dents (odontocètes) et les cétacés à fanons (mysticètes). C'est, vous l'aurez compris, la structure de la denture qui fait la différence entre ces deux groupes.

Les cétartiodactyles, ou l'histoire d'un petit os

Avec la nouvelle classification phylogénétique, « l'ancien ordre linnéen » des cétacés est devenu le sous-ordre des cétacés au sein d'un nouvel ordre, celui des cétartiodactyles. Il s'agit d'une fusion entre les cétacés et les artiodactyles (regroupant les mammifères à sabots fendus comme les hippopotames, les sangliers, les bisons et les chameaux). La classification linnéenne, dite classique, se basait en effet sur les ressemblances (anatomiques essentiellement) les plus évidentes entre les êtres, mais elle ne reflétait pas correctement les proximités évolutives entre les espèces. La classification phylogénétique, ayant pour objectif de rendre compte des degrés de parenté entre les espèces, permet quant à elle de mieux comprendre leur histoire évolutive. Cette nouvelle taxonomie est principalement basée sur les données de génétique moléculaire.
Cette relation entre les cétacés et les artiodactyles a été confirmée dans les années 2000 par la découverte d'un os fossile chez les archéocètes (les ancêtres des cétacés actuels) : l'astragale. Il s'agit d'un os des chevilles que l'on trouve aujourd'hui uniquement chez les mammifères à sabots fendus. L'astragale est un os fragile et de petite taille. Cette découverte paléontologique vient appuyer la plupart des résultats des études moléculaires : les cétacés et les artiodactyles ne font qu'un !

Les odontocètes (*Odontoceti*, du grec *odous* pour « dent » et *ketos* pour « monstre marin ») ont les mâchoires garnies de dents généralement homodontes (toutes semblables), ont un seul évent (narine) et le squelette de leurs « mains » comporte cinq doigts. Les mâles sont généralement plus grands que les femelles. Ils sont représentés, à ce jour, par 75 espèces regroupées dans 10 familles. La famille des ziphiidés est, de loin, la plus mystérieuse chez les cétacés. Il s'agit d'animaux pélagiques, solitaires et rarement observés. Quant aux marsouins (famille des phocoenidés), ils sont les plus petits des cétacés et ils se distinguent des dauphins (delphinidés) par leur petit corps robuste et l'absence d'un rostre distinct.

Les odontocètes		
Famille	**Genre**	**Nombre d'espèces**
Delphinidés (dauphins)	*Cephalorhynchus*	4
	Delphinus	2
	Tursiops	2
	Stenella	5
	Lagenorhynchus	6
	Lagenodelphis	1
	Grampus	1
	Orcaella	2
	Lissodelphis	2
	Steno	1
	Sousa	3
	Sotalia	2
	Globicephala	2
	Orca	1
	Pseudorca	1
	Peponocephala	1
	Feresa	1
Iniidés	*Inia*	1
Kogiidés	*Kogia* (cachalots nains)	2
Lipotidés	*Lipotes*	1
Monodontidés	*Delphinapterus* (béluga)	1
	Monodon (narval)	1
Phocoenidés (marsouins)	*Phocoena*	4
	Neophocaena	2
	Phocoenoides	1
Physétéridés	*Physeter* (cachalot)	1
Platanistidés	*Platanista*	1
Pontoporiidés	*Pontoporia*	1
Ziphiidés	*Tasmacetus*	1
	Mesoplodon	16
	Ziphius	1
	Berardius	2
	Hyperoodon	2
	Indopacetus	1

Les plus mystérieux des cétacés : les ziphiidés

Au début du xxe siècle, on avait décrit près de 82 % des espèces de cétacés que nous connaissons de nos jours. Les autres, plus discrètes et moins communes, sont restées cachées loin de la vue des marins et des explorateurs. C'est particulièrement le cas des ziphiidés. Sur les 23 espèces cataloguées aujourd'hui, 13 seulement avaient été décrites avant 1900. Les autres l'ont été soit à partir d'un fragment de mâchoire, soit par un ou plusieurs cadavres décomposés. Il reste probablement encore quelques nouvelles espèces à découvrir dans cette famille. Le genre *Mesoplodon* est le plus mystérieux de tous. Le mésoplodon de Travers (*M. traversii*) est même un cas d'école, cette espèce n'étant connue que par deux cadavres et quelques fragments ostéologiques (deux morceaux de crânes et une mandibule). Autre cas intéressant, le mésoplodon de True (*M. mirus*). Pour certains cétologues, cette espèce serait représentée par deux sous-espèces, voire pourrait être dédoublée en deux espèces à part entière, chacune vivant dans l'un des deux hémisphères.

L'hypéroodon boréal est, de loin, le ziphiidé le mieux connu. Ce grand cétacé de 10-12 m de long fréquente les eaux froides de l'Atlantique nord.

Les mysticètes (*Mysticeti*, du grec *mustax* pour « moustaches » et *ketos* pour « monstre marin ») n'ont pas de dents mais, à la place, des plaques cornées souples nommées fanons qui garnissent seulement leur mâchoire supérieure ; les évents sont doubles ; et ils sont de grande taille. Les femelles sont plus grandes que les mâles. Quatorze espèces composent ce parvordre et ont été classées dans quatre familles. Les balénidés sont les « vraies baleines », ou baleines franches. La famille des néobalénidés n'est représentée que par une seule espèce, qui est la plus petite des mysticètes, alors que la famille des balénoptéridés (rorquals ou baleinoptères) est représentée par les plus grands animaux du monde. Celle des eschrichtiidés n'est représentée que par une seule espèce (la baleine grise), de taille moyenne pour une baleine, et à la morphologie primitive.

Tandis que les baleines franches ont un corps massif, les rorquals sont fuselés, hydrodynamiques et donc rapides. Les rorquals se distinguent aussi par un aileron dorsal et des sillons gulaires (des sillons situés sous la gorge), qui sont absents chez les baleines franches. La baleine grise est fuselée mais loin d'être hydrodynamique. Elle ne possède pas d'aileron dorsal et présente 2 à 4 rides sous la gorge.

Deux cétacés mysticètes : (**a**) le petit rorqual ou rorqual à museau pointu, et (**b**) la baleine franche noire.

Les mysticètes		
Famille	**Genre**	**Nombre d'espèces**
Balénidés	*Eubalaena* (baleine franche)	3
	Balaena (baleine boréale)	1
Balénoptéridés	*Balaenoptera* (rorquals)	7
	Megaptera (mégaptère)	1
Eschrichtiidés	*Eschrichtius* (baleine grise)	1
Néobalénidés	*Caperea* (baleine pygmée)	1

Les siréniens, seuls mammifères herbivores aquatiques

Par leur forme et un peu par leurs mœurs entièrement aquatiques, les lamantins et les dugongs ont souvent été assimilés aux cétacés. D'ailleurs, au XVIIIe et au début du XIXe siècle, ces animaux avaient été classés comme des « cétacés herbivores ». C'est en 1811 qu'un zoologiste allemand (Johann K.W. Illiger) créa un ordre pour ces mammifères : les siréniens (*Sirenia*). Il comprend deux familles et cinq espèces. La famille des dugongidés est composée de deux genres et de deux espèces : le dugong (*Dugong dugon*) vivant dans les eaux côtières africaines et indopacifiques, et la rhytine de Steller (*Hydrodamalis gigas*). Cette dernière espèce a disparu au milieu du XVIIIe siècle. Les trichéchidés sont représentés par un seul genre de trois espèces, chacune endémique de régions bien précises : le lamantin d'Amérique du Nord (*Trichechus manatus*), le lamantin d'Amazonie (*T. inunguis*) et le lamantin d'Afrique (*T. senegalensis*).

Ne dépassant pas 3 m de long et 45 kg, le lamantin d'Amazonie est le plus petit des siréniens. Il est endémique du bassin amazonien et vit essentiellement en eau douce.

Une étroite relation entre siréniens et éléphants

Même si leur corps est similaire à celui des cétacés avec une nageoire caudale et deux pectorales, les siréniens n'ont aucun lien de parenté avec les baleines et les dauphins, et encore moins avec les phoques et les otaries. Leurs « cousins germains » sont l'éléphant (ordre des proboscidiens, famille des éléphantidés, trois espèces) et, de loin, un petit mammifère terrestre d'Afrique et du Moyen-Orient de la taille d'un chat : le daman (ordre des hyracoïdes, famille des procaviidés, six espèces). Anatomiquement parlant, cette relation étroite entre les siréniens et les proboscidiens est visible et démontrable. Ils ont deux mamelles pectorales, leur cœur présente une structure identique et leur denture de nombreux points communs. Comme chez les éléphants, les molaires des siréniens s'usent et sont remplacées par de nouvelles dents se développant sous les premières.
Cette relation entre les siréniens, les éléphants et les damans a été confirmée avec les données moléculaires. Désormais, ils ne font plus partie de l'ordre des périssodactyles — comme ce fut le cas dans la classification linnéenne — mais sont placés dans un taxon particulier de la nouvelle nomenclature phylogénétique : les paenungulés. Au sein des paenungulés, les siréniens et les proboscidiens ont été à leur tour classés chez les téthythériens, et les damans chez les hyracoïdes.

Les pinnipèdes : quatre pattes devenues nageoires

L'ordre des carnivores renferme à la fois les féliformes (les félins) et les caniformes (ours, loups/chiens, belettes, raton laveur, etc.). Chez ces mammifères en majorité carnivores (mais parmi eux certains sont omnivores comme les ours et d'autres sont herbivores comme le panda géant), certains sont inféodés au milieu marin. C'est le cas d'une espèce chez les ours et de quelques autres chez les loutres, voire chez les visons. Les plus marins des carnivores restent toutefois les pinnipèdes (*Pinnipedia*, du latin *pinna* pour « aile » et *pes* ou *pedis* pour « pieds » ou « nageoire »). Anciennement terrestres, ces animaux possèdent des membres antérieurs et postérieurs transformés en nageoires. Les pinnipèdes, contrairement aux cétacés et aux siréniens, sont amphibies : ils vivent aussi bien sur la terre ferme (pour se reproduire) que dans l'élément liquide (pour se nourrir). Les 35 espèces ont été classées dans trois familles : les phocidés (phoques), les otariidés (otaries et lions de mer) et les odobénidés (morses). Deux d'entre elles sont considérées comme éteintes : le phoque moine des Caraïbes (*Monachus tropicalis*) et le lion de mer japonais (*Zalophus japonicus*).

a

b

Phocidés et otariidés ont des corps robustes, mais la morphologie des premiers, comme l'éléphant de mer (**a**), est plutôt dodue, tandis que celle des seconds, comme l'otarie à fourrure antarctique (**b**), est plutôt élancée.

Les pinnipèdes

Famille	Genre	Nombre d'espèces
Odobénidés	*Odobenus*	1
Otariidés	*Zalophus*	2
	Callorhinus	1
	Arctocephalus	8
	Otaria	1
	Neophoca	1
	Phocarctos	1
	Eumetopias	1
Phocidés	*Mirounga* (éléphants de mer)	2
	Cystophoca	1
	Halichoerus	1
	Pagophilus	1
	Histriophoca	1
	Erignathus	1
	Pusa	3
	Phoca	2
	Monachus	3
	Hydrurga	1
	Lobodon	1
	Leptonychotes	1
	Ommatophoca	1

Pinnipède, une appellation qui fait polémique

Au cours des deux derniers siècles, les zoologistes ne savaient vraiment pas où classer les phoques, les otaries et les morses. Rangés dans un premier temps comme pinnipèdes, on les classa soit comme un ordre (ordre des pinnipèdes) à côté des carnivores, soit comme un sous-ordre (sous-ordre des pinnipèdes) au sein des carnivores. Carnivores ou pas, les taxonomistes étaient d'accord pour reconnaître que phoques, otaries et morses avaient une affinité avec les membres de cet ordre-là (à savoir, la présence de dents dites « carnassières », qui correspondent à la deuxième prémolaire supérieure et à la première molaire inférieure). Avec la taxonomie phylogénétique, phoques, otaries et morses appartiennent définitivement à l'ordre des carnivores mais les zoologistes ne sont toujours pas d'accord sur le choix de les classer dans un sous-ordre à part (et leur garder le nom de « pinnipède ») ou de supprimer définitivement cette appellation en les classant dans le sous-ordre des caniformes. Pour certains auteurs, le sous-ordre des pinnipèdes serait complètement dépassé.
À la suite d'études génétiques (en 2005) et de découvertes paléontologiques (en 2007), il a été prouvé que phoques, otaries et morses ont un ancêtre en commun. Toutefois, le maintien des pinnipèdes en tant que groupe monophylétique ne tranche pas le débat sur le statut de sous-ordre accordé au taxon. C'est ainsi que nombreux sont les zoologistes et les paléontologues à maintenir l'existence du clade de *Pinnipedia*, mais avec le rang de super-famille au sein du sous-ordre des caniformes.

Des loutres marines

Les loutres ont été classées dans la famille des mustélidés, qui comprend les mustélinés (martre, fouine, belette, putois, glouton, hermine, vison), les taxidiinés (blaireau américain), les méphitinés (mouffettes), les mellivorinés (ratels), les mélinés (blaireaux) et enfin les lutrinés (loutres). La plupart de ces animaux sont de petite taille, mesurant entre 13 cm et 1,50 m. Leur silhouette est svelte, leurs pattes sont courtes et leur queue est assez longue, large et touffue. Leurs pattes sont généralement armées de cinq doigts et cinq griffes. Ils sont, selon les espèces, digitigrades (ils marchent en appuyant sur les doigts, la plante du pied ne se posant pas sur le sol), plantigrades (ils marchent sur la plante des pieds) ou semi-plantigrades (à un stade entre les deux). Ils éjectent un liquide sécrété dans des glandes anales pour délimiter un territoire ou se défendre contre d'éventuels prédateurs. La plupart de ces animaux sont solitaires, nocturnes ou crépusculaires. Enfin, leur régime alimentaire est carnivore ou omnivore. Sur les 55 espèces (24 genres) de mustélidés répertoriées dans le monde (Ancien et Nouveau-Monde – à l'exception toutefois de Madagascar et de l'Australasie), trois seulement sont essentiellement marines : deux d'entre elles sont des lutrinés (loutres) et l'autre appartient (ou appartenait puisqu'elle a disparu) aux mustélinés (le vison de mer, ou *Neovison macrodon*).

Les loutres ont un corps allongé, fusiforme, généralement pourvu d'une longue queue effilée. Les pattes sont courtes et munies d'une palmure entre les doigts. Leur pelage est très dense, imperméable et, de ce fait, très recherché. Les loutres sont d'excellentes nageuses, rapides et agiles, mais elles sont également à l'aise sur terre. Elles sont joueuses, intelligentes et sociales. En 2003, les mammalogistes se sont mis d'accord pour reconnaître 19 espèces de loutres classées en 8 genres. Deux d'entre elles sont essentiellement marines : la loutre de mer *Enhydra lutris*, vivant dans le Pacifique nord (Amérique du Nord et Eurasie), et la loutre marine *Lontra felina*, essentiellement sud-américaine et vivant dans le Pacifique sud.

Un ours acclimaté à l'élément marin et aux régions polaires

Ursus maritimus – l'« ours de mer » – tel est son nom scientifique. Il ne s'agit pas d'un phoque mais bel et bien d'un ours, plutôt connu sous son autre nom vernaculaire français d'ours blanc. Au Québec, il est appelé « ours polaire » – tout comme chez les Anglais, d'ailleurs (*polar bear*) – et les Allemands l'ont surnommé *eisbär*, c'est-à-dire « l'ours des glaces ». L'ours blanc est aussi bien à l'aise sur terre que dans la mer. Il est même devenu un mammifère marin très spécialisé au milieu polaire après plusieurs centaines de milliers d'années d'évolution.

Appartenant à l'ordre des carnivores, les ours ont été plus spécialement classés dans le sous-ordre des ursidés, un taxon qui a été divisé par les taxonomistes en deux sous-familles distinctes : les ailurinés (comprenant le panda géant et le panda rouge) et les ursinés (les ours). Chez cette dernière sous-famille, quatre genres et neuf espèces sont répertoriés : *Ursus* (six espèces dont l'ours blanc), *Melursus* (une espèce avec l'ours lippu), *Helarctos* (une espèce avec l'ours malais) et *Tremarctos* (une espèce avec l'ours à lunettes). Les ours sont les plus grands carnivores terrestres. Ils sont lourds, de taille moyenne à grande, et solidement bâtis. Leur large tête se termine par un museau souvent court et tronqué. Ils possèdent un cou musclé, un tronc trapu, des membres puissants, armés de larges et redoutables griffes recourbées et non rétractibles. La plante des pattes est partiellement ou entièrement couverte de poils. Les mâles sont en moyenne 20 % plus gros que les femelles. L'odorat est leur sens le plus développé, alors que l'ouïe et surtout la vue sont plus faibles. Grâce à leur fourrure et à une certaine couche de graisse, tous les ours sont protégés contre le froid.

Des mammifères aquatiques de toutes tailles

Les tailles (et poids) de ces animaux varient considérablement. Elles commencent avec les 1,15 m pour 4,5 kg de la loutre marine d'Amérique du Sud et culminent avec les 33 m et près de 200 tonnes du rorqual bleu, ce dernier étant l'animal le plus gros du règne animal vivant actuellement.

Chez les cétacés à dents, les mâles sont généralement plus grands que les femelles, sauf toutefois chez les dauphins d'eau douce (inie, plataniste, dauphin du Yangtsé et dauphin de la Plata). Par contre, chez les mysticètes, les femelles sont légèrement plus grandes que les mâles. On note également une différence de taille (et de poids) chez les mysticètes et au sein d'une même espèce, entre les deux hémisphères géographiques : les baleines et rorquals du Sud sont un peu plus grands que ceux de l'hémisphère nord. La différence étant de 1 à 3 m !

Taille et poids maximaux de quelques cétacés (F pour femelle et M pour mâle)

Espèce	**Taille (en m)**	**Poids (en kg)**
Baleine franche des Basques (*Eubalaena glacialis*)	18	100 000
Baleine pygmée (*Caperea marginata*)	6,5	3 400
Bérardie de Baird (*Berardius bairdii*)	12	11 000
Cachalot (*Physeter microcephalus*)	12 (F) - 18 (M)	30 000 (F) - 57 000 (M)
Cachalots pygmée et nain (*Kogia* sp.)	3-4	200-400
Grand dauphin (*Tursiops truncates*)	3-4	150-500
Inie de l'Amazone (*Inia geoffrensis*)	2,7	180
Marsouin de Californie (*Phocoena sinus*)	1,5	35-55
Mésoplodon pygmée (*Mesoplodon peruvianus*)	3,5	1 000
Narval (*Monodon monoceros*) (sans la dent)	5	700 - 2 300
Orque (*Orcinus orca*)	8 (F) - 10 (M)	8 000 (F) - 10 000 (M)
Petit rorqual (*Balaenoptera acutorostrata*)	10	10 000
Rorqual bleu (*Balaenoptera musculus*)	28 (M) - 33 (F)	150 000 (M) - 200 000 (F)

La taille et le poids des siréniens restent plus modestes comparés aux cétacés : ils varient entre 3 m et 400 kg pour le lamantin d'Amazonie et 7 à 8 m pour 4 à 6 tonnes chez la rhytine de Steller. Le lamantin d'Amérique du Nord mesure entre 3,5 et 4 m de long et pèse de 1 à 1,6 tonne tandis que le dugong ne dépasse pas 4 m de long et 420 kg.

Chez les pinnipèdes, en général, les mâles sont légèrement, voire considérablement, plus grands que les femelles et les différences peuvent aller du double (lions de mer) jusqu'au triple (éléphants de mer). Par contre, chez les phoques (phocidés) de l'Antarctique, on constate que les femelles sont légèrement plus grandes que les mâles (phoque de Weddell, phoque crabier, phoque léopard dit aussi léopard de mer, et phoque de Ross).

Taille et poids maximaux de quelques pinnipèdes (F pour femelle et M pour mâle)

Espèce	Taille (en m)	Poids (en kg)
Éléphant de mer austral (*Mirounga leonina*)	2,5 (F) - 6,5 (M)	800 (F) - 3 700 (M)
Lion de mer de Steller (*Eumetopias jubatus*)	2,3 (F) - 3 (M)	350 (F) - 1 120 (M)
Morse (*Odebenus rosmarus*)	3 (F) - 3,6 (M)	1 200 (F) - 1 900 (M)
Phoque du Baïkal (*Pusa sibirica*)	1,4	90
Phoque commun (*Phoca vitulina*)	2	170
Phoque crabier (*Lobodon carcinophaga*)	3,8	500

Les loutres de mer sont les plus petits des mammifères marins : elles mesurent et pèsent entre 1,15 m et 4,5 kg pour la loutre marine sud-américaine, et 1,5 m et 45 kg pour la loutre de mer du Pacifique nord. Quant à l'ours blanc, il mesure 1,5 m au garrot, 2,5 m de long et peut atteindre 300 kg pour les femelles et 800 kg pour les mâles. Il est l'un des plus grands ursidés, derrière l'ours kodiak (sous-espèce nord-américaine de l'ours brun, *Ursus arctos middendorffi*), avec ses 1,5 m au garrot, ses 3 m de long et ses 850 kg.

Cette embarcation semble bien petite face à ce rorqual commun d'une vingtaine de mètres de long… et cet individu n'est pas le plus gros de son espèce !

Des mammifères adaptés au milieu liquide

Des mammifères adaptés au milieu liquide

Été 1994, en Méditerranée, au large des côtes corses. Dans les eaux françaises, le meilleur endroit pour observer les cétacés sous l'eau reste la mer Méditerranée. Au large des côtes du Var et des Alpes-Maritimes, il n'est pas rare de rencontrer des dauphins et des rorquals communs, mais c'est tout particulièrement à une dizaine de kilomètres de Calvi, en Corse, que j'ai eu la chance d'observer l'évolution sous-marine d'un rorqual commun. Pas besoin de bouteille d'oxygène pour nager avec les grands cétacés : ces animaux font régulièrement surface pour respirer, et nagent à quelques dizaines de mètres sous la surface. En suivant un individu d'une quinzaine de mètres de long, j'ai constaté à quel point l'hydrodynamisme de leur corps leur permet d'accomplir des prouesses. Les cétacés sont, de loin, les mammifères marins les plus performants et les mieux adaptés à l'élément liquide. Grâce à leur hydrodynamisme et à la composition de leur peau, ils nagent à grande vitesse. Chaque groupe de mammifères marins présente bien d'autres qualités anatomiques expliquant leur aisance dans le milieu aquatique.

Page précédente
Groupe de trois grands dauphins (*Tursiops truncatus*) nageant sous la surface de la mer. Leur silhouette à contre-jour permet d'apprécier la forme hydrodynamique de leur corps. Nous avons affaire à des animaux fortement adaptés à l'élément liquide.

De toutes les créatures marines, les dauphins (ici des dauphins tachetés) sont les plus performants au niveau de l'hydrodynamisme.

Des silhouettes variées

La morphologie parfaitement adaptée des cétacés

De tous les mammifères aquatiques vivant de nos jours, les cétacés sont les plus anciens et les plus évolués (et/ou les plus adaptés) à l'élément liquide. Leur corps est fuselé et hydrodynamique, leurs narines ont migré vers le sommet de leur tête, leurs membres postérieurs ont disparu. Quant aux membres antérieurs, ils se sont transformés en palettes natatoires. Les cétacés ont acquis une vision sonore grâce à l'écholocation, ou sonar (chez les odontocètes), et ont développé une communication très avancée. La fourrure a disparu, laissant leur peau nue. Une couche de graisse sous-épidermique leur permet de lutter contre le refroidissement (dans l'eau, il est environ 25 fois plus rapide que dans l'air).

Cétacés : une peau de toutes les performances

Les cétacés ne doivent pas leur rapidité qu'à l'hydrodynamisme de leur corps : l'efficacité inégalée de leur peau y est aussi pour quelque chose ! À la fin des années 1950, un hydrodynamicien allemand a démontré que lors du déplacement d'un dauphin, la résistance de l'eau est dix fois moins élevée que chez un modèle artificiel de la même taille et de la même forme, recouvert de plastique. La peau des cétacés est caoutchouteuse, douce, lisse, souple et surtout fragile. Elle comprend deux couches essentielles : l'une superficielle, élastique et mince, de 5 à 12 mm (l'épiderme) ; l'autre interne, souple et légèrement plus épaisse (le derme). L'épiderme ne contient ni glandes cutanées ni glandes sébacées. Il est dépourvu de poils, sauf sur la tête des nouveau-nés ou des adultes de certaines espèces (inie de l'Amazone, baleines franches) : dans ce cas, on parle de vibrisses.

Les performances hydrodynamiques des cétacés sont aussi aidées par un mécanisme, microscopique certes, de la structure de leur peau. Lorsque ces mammifères nagent rapidement, les légers tourbillons — qui devraient se former — sont isolés de l'eau environnante et absorbés par une microdéformation de la peau. L'eau s'écoule ainsi de manière laminaire à la surface de leur corps et, par conséquent, ne freine pas l'avancée de l'animal dans l'élément liquide. Les cétacés « muent » également. En effet, les dauphins et les baleines changent de peau, ou du moins renouvellent régulièrement leur couche épidermique. Chez les dauphins, cette couche peut être intégralement remplacée toutes les deux heures.

Par convergence évolutive, le corps des cétacés ressemble généralement à celui des poissons et surtout à celui des requins ou de certains reptiles marins disparus du Mésozoïque : les ichtyosaures. Ce corps est fuselé et hydrodynamique afin de générer le moins de résistance à l'élément liquide lors de ses déplacements. Cette morphologie corporelle peut être svelte (dauphins, rorquals), en forme de torpille (globicéphales, fausse orque, orque) ou trapue (marsouins, mégaptère, baleines franches). La tête de ces animaux est généralement effilée (dauphins, rorquals). Chez les odontocètes uniquement, cette tête présente un melon plus ou moins prononcé (dauphins, marsouins), parfois globuleux (hyperoodons, globicéphales, dauphin de Risso). Toujours chez les cétacés à dents, cette tête se termine bien souvent par un rostre (ou bec) plus ou moins long (dauphins) mais qui reste absent chez certaines espèces (globicéphales, cachalots, marsouins). Chez les cachalots (*Physeter*, *Kogia*), cette tête est carrée et aplatie sur le plan vertical.

Des nageoires complètent cette morphologie corporelle. La nageoire (ou aileron) dorsale joue le rôle de stabilisateur. Elle est bien souvent indispensable chez les espèces rapides comme les rorquals et les orques. Elle est parfois absente chez quelques espèces (baleines franches, marsouin aptère, narval, béluga et *Lissodelphis*). Cet aileron dorsal est généralement falciforme (en forme de faucille), comme c'est souvent le cas chez la plupart des dauphins et des rorquals, plus ou moins triangulaire (marsouins, rorqual bleu, plataniste) ou arrondi (marsouin à lunettes). Il peut être également haut et très droit (orque mâle). L'aileron dorsal se localise bien souvent sur le milieu du dos (dauphins, marsouins), quelquefois légèrement en arrière (ziphiidés, rorquals) ou parfois en avant (globicéphales et orque mâle).

Les nageoires pectorales (souvent appelées « palettes natatoires ») dirigent et – dans une moindre mesure chez certaines espèces comme le béluga, l'orque ou la baleine franche – stabilisent le corps lors de la locomotion. Ces nageoires sont plus ou moins falciformes (dauphins, rorquals), ovales (marsouins), triangulaires (inie, plataniste) ou arrondies (orque, cachalot). Plus larges à leur base, elles sont faiblement pointues à leur extrémité. Chez les dauphins océaniques (*Stenella*, *Delphinus*) et les rorquals, ces pectorales sont plutôt fines et restent collées contre les flancs pour assurer la vitesse. Chez certains dauphins côtiers (dauphin de La Plata), dulcicoles (inie, plataniste) et chez l'orque, elles sont larges et leur permettent d'évoluer dans les eaux peu profondes, un peu à la manière d'un hydroglisseur qui se déplacerait entre le fond et la surface. Chez certaines espèces pélagiques (physétéridés, kogiidés et ziphiidés), ces nageoires pectorales « s'encastrent » dans une sorte de « poche » ouverte située le long des flancs. Ainsi on peut noter chez ces espèces une sorte de dépression dans la peau à l'emplacement des « aisselles », servant à assurer un meilleur hydrodynamisme.

La nageoire caudale (ou « queue ») est horizontale. Elle est divisée en deux lobes symétriques, à l'extrémité plus ou moins pointue ou légèrement arrondie. Cette nageoire possède une envergure égale au neuvième (dauphins), voire au tiers (baleine boréale), de la longueur corporelle et comporte parfois une encoche médiane (ou échancrure) plus ou moins profonde selon les espèces. Chez certaines espèces pélagiques (cachalot, lagénorhynque, globicéphales et mésoplodon), des carènes (dorsale et/ou ventrale) se dessinent distinctement sur le pédoncule caudal, juste à l'avant de la queue. Celles-ci commencent juste en arrière de l'aileron dorsal et débordent sur la nageoire caudale.

Les nageoires chez les cétacés : (**a**) nageoire dorsale du petit rorqual ; (**b**) nageoire dorsale du globicéphale tropical ; (**c**) nageoire pectorale du béluga ; (**d**) nageoire caudale du globicéphale tropical.

Le pédoncule caudal, véritable moteur des cétacés

Le pédoncule caudal (englobant toute la région caudale, y compris la queue) est le moteur des cétacés. Il héberge deux groupes de muscles fort inégaux qui leur permettent de mouvoir la nageoire caudale de haut en bas et de bas en haut. Le groupe supérieur (musculature épiaxiale ou groupe extenseur de la queue), qui provoque le coup vers le haut, est au moins deux fois plus lourd que celui qui provoque le coup vers le bas. Ce groupe musculaire propulseur est fixé aux vertèbres elles-mêmes (jusqu'aux cervicales). La musculature hypoaxiale (ou groupe fléchisseur de la queue), quant à elle, se trouve de chaque côté de la colonne vertébrale. Cette musculature permet donc le mouvement descendant de la queue ainsi que la variation de son angle d'attaque en fonction de l'orientation des déplacements.

Les nageoires chez les siréniens : (**a**) nageoire caudale arrondie chez le lamantin africain ; (**b**) nageoire caudale chez le dugong ; (**c**) nageoire antérieure (ou pectorale) chez le lamantin africain.

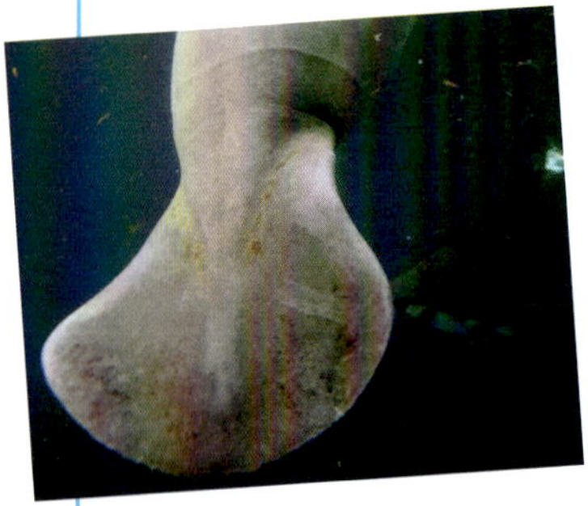

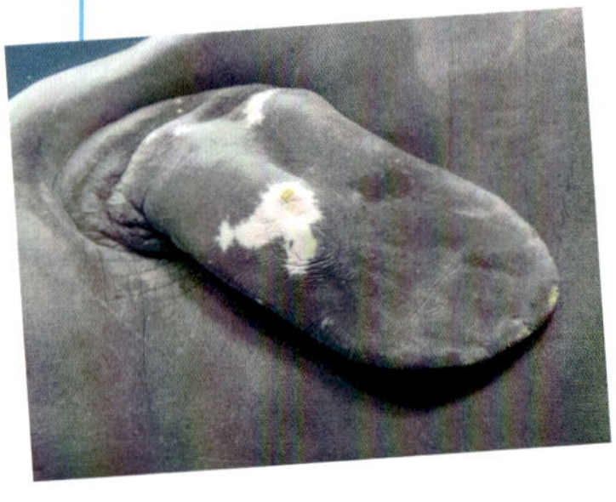

Le corps « enrobé » et fusiforme des siréniens

Les quelques espèces qui forment l'ordre des siréniens montrent un corps fusiforme au cou indistinct. Toutefois, ce corps est plutôt rond, massif et surtout grassouillet. L'avant-train est massif et le tronc s'élargit jusqu'à la hauteur des parties postérieures des membres antérieurs, puis s'amincit jusqu'à la base de la queue. Cette morphologie corporelle, même si elle se rapproche de celle des cétacés, reste toutefois moins hydrodynamique que celle des dauphins et de certaines baleines (rorquals). Alors que le corps des lamantins est dodu, celui du dugong est un peu plus allongé. La tête des siréniens est énorme avec un large museau et des lèvres épaisses et charnues souvent entourées par des vibrisses raides et denses. Les narines (semi-circulaires) se localisent sur le haut du museau. Les yeux, petits et globuleux, sont placés sur les côtés et assez haut. Le cou est très court (dugong, rhytine), voire inexistant (lamantins).

Le dos est démuni d'aileron dorsal. Les membres antérieurs sont transformés en palettes natatoires en forme de pagaie et s'insèrent très en avant du tronc. Seuls la main et l'avant-bras sont visibles alors que le bras est interne. Les siréniens se servent de leurs nageoires antérieures pour « marcher » sur le fond, se gratter, se nettoyer la bouche et apporter de la nourriture vers la bouche. Les membres postérieurs sont inexistants. La nageoire caudale (ou « queue ») est, comme celle des cétacés, horizontale. Cette queue est plate et arrondie chez les lamantins ou identique à celle des dauphins et des baleines, c'est-à-dire formée par deux lobes symétriques, avec plus ou moins une encoche médiane, chez le dugong et la rhytine.

La peau de ces mammifères aquatiques présente des poils courts et épars. Le pelage est surtout réduit et se limite à quelques zones du corps chez l'adulte alors qu'il est bien développé chez l'embryon. La peau est caoutchouteuse et « lisse » chez le dugong ou rugueuse chez les lamantins et la rhytine. Cette peau est toutefois très épaisse (10 à 25 cm selon les parties du corps). Elle est représentée en majeure partie par le derme, l'épiderme étant très mince.

L'hydrodynamisme des pinnipèdes

Si dans le langage populaire, on considère tous les pinnipèdes comme des « phoques », pour la science, phoques, otaries et morses sont des entités bien distinctes. Les phoques (phocidés) sont trapus et marchent sur le ventre ; les otaries et lions de mer (otariidés) sont élancés et se déplacent sur leurs pattes transformées en nageoires ; quant aux morses (odobénidés), ils sont trapus et marchent sur leurs membres antérieurs et postérieurs. Tous les pinnipèdes ont un pelage. Cette fourrure est constituée de deux sortes de poils : les jarres (ou poils de garde), longs, rigides et résistants, et les poils de bourre, généralement plus serrés, souvent ondulés. La plupart des pinnipèdes muent chaque année.

Différences morphologiques corporelles chez les pinnipèdes :
(**a**) forme hydrodynamique et trapue chez les phocidés (phoque commun) ;
(**b**) forme hydrodynamique et svelte chez les otariidés (lion de mer de Californie).

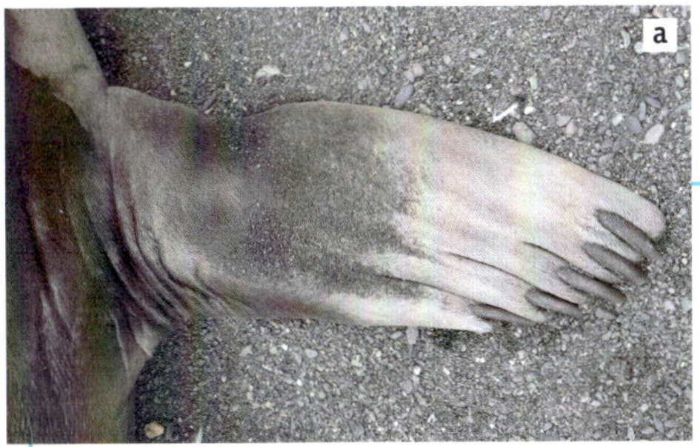

Nageoires chez les pinnipèdes (éléphant de mer) : (**a**) nageoire antérieure ; (**b**) nageoires postérieures.

Trois morphologies chez les pinnipèdes

Chez les phocidés (les phoques), le corps est dodu, plus ou moins massif selon les espèces, tout en restant hydrodynamique, avec une tête plus ou moins globuleuse au museau court. Les phoques n'ont pas d'oreilles externes. Le cou est court, de même que les membres antérieurs et postérieurs. Les nageoires postérieures se situent à la fin du corps. Celui-ci est totalement recouvert d'un pelage court et raide, nageoires comprises.

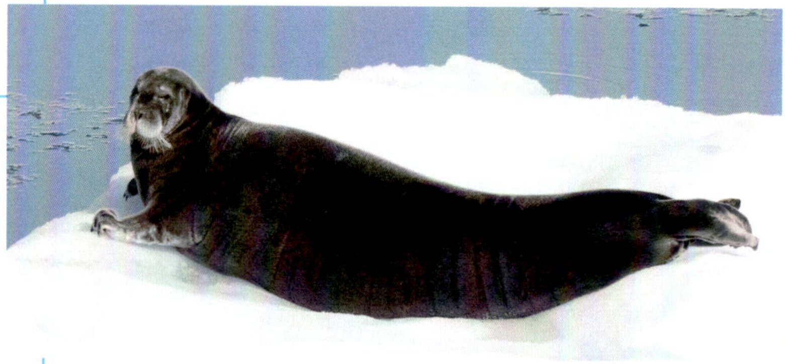

Phoque barbu (photographié ici dans le passage du Prince Christian, au Groenland).

Chez les otariidés (les otaries et lions de mer), le corps est élancé, svelte et donc plus performant au niveau de l'hydrodynamisme. Celui des mâles est souvent plus gros et robuste que celui des femelles. La tête des otaries et des lions de mer reste massive avec un museau allongé. On note chez ces pinnipèdes la présence de pavillons auditifs ou « oreilles » externes et coniques, qui peuvent atteindre 50 mm chez les otaries à fourrure. Le cou est long. Les nageoires antérieures sont longues (plus du quart de la longueur corporelle) et les otariidés s'en servent pour nager rapidement, pour marcher et se soutenir sur la terre ferme. Les nageoires postérieures sont également très mobiles et utilisées dans le déplacement terrestre. Elles se replient sous le bassin et peuvent supporter le poids du corps. Le pelage des otaries à fourrure est plus épais que celui des lions de mer : les otaries arborent deux couches de fourrure alors que les lions de mer n'en ont qu'une (mais épaisse). Les mâles des otaries à fourrure présentent un pelage plus important autour du cou.

Sur cette photo de lions de mer de Steller, le mâle (à droite) se distingue des femelles par sa taille imposante et sa morphologie plutôt robuste.

Chez les odobénidés (morses), la morphologie corporelle présente à la fois des caractéristiques des phoques et des otaries. Leur corps est épais et robuste. Leur tête massive et presque carrée ne présente pas de pavillons auditifs externes. Le cou est peu marqué. Les membres antérieurs sont longs, mobiles comme les otaries — les morses peuvent se déplacer sur leurs nageoires antérieures et postérieures. Quant aux membres postérieurs, ils peuvent être positionnés sous la croupe. Le corps est entièrement recouvert par un poil court (en moyenne 1 cm de longueur) à l'exception de la face interne des nageoires, des narines et des lèvres. La peau des vieux mâles est presque nue et ne présente que quelques traces du pelage initial. Enfin, la peau des morses est très plissée et ridée. Elle est en grande partie épaisse, mesurant, en moyenne, 2 à 4 cm (jusqu'à 6 cm au niveau de la poitrine et sur le cou chez les mâles).

Deux loutres bien différentes

Les deux espèces de loutres marines se différencient l'une de l'autre par leur morphologie. La loutre marine d'Amérique du Sud (*Lontra* sp.) ressemble beaucoup plus aux autres espèces de loutres fluviales par son corps de petite taille (1,15 m), svelte, allongé, presque fusiforme. Sa queue est effilée, charnue, très épaisse à la base et amincie à l'extrémité. Ses pattes sont courtes et munies d'une palmure entre les doigts : les membres antérieurs sont forts et faiblement palmés tandis que les membres postérieurs sont plus grands, aplatis et très palmés. Elle possède des glandes anales (au nombre de deux) qui sécrètent une sorte de musc à l'odeur « doucereuse » servant aux marquages territoriaux et à la reconnaissance individuelle.

Le corps de la loutre de mer du Pacifique nord (*Enhydra* sp.) est long et surtout massif. Ses pattes antérieures sont courtes et fortes tandis que ses pattes postérieures sont longues, massives, fortement palmées et orientées vers l'arrière. Ses pattes de derrière sont largement utilisées pour la locomotion sous-marine. Sa queue est courte et épaisse et ne représente que le quart de la longueur corporelle. Son pelage est dense et surtout imperméable. Sa couche de graisse sous la peau est fine – étrangement, elle est même plus mince que celle des loutres de rivière. Elle ne possède pas de glandes anales.

La tête de la loutre marine d'Amérique du Sud (**a**) est épaisse, relativement longue et aplatie. Son museau est assez allongé et elle présente un cou court.

La tête de la loutre de mer du Pacifique nord (**b**), grande et surtout globuleuse, attachée au reste du corps par un cou court et épais, se reconnaît aussi à son nez émoussé.

Une fourrure convoitée

Les loutres de mer (dans leur ensemble) sont entièrement recouvertes de fourrure. Les seules parties de leur corps qui en sont dépourvues sont l'extrémité du nez, l'envers des pavillons auriculaires et l'envers des pattes. La loutre de mer du Pacifique nord possède même le pelage le plus dense enregistré chez les mammifères (jusqu'à 25 000 poils au centimètre carré, soit deux fois plus que chez les loutres de rivière). Cette fourrure est composée de deux sortes de poils : la bourre, dense et courte (30 mm de longueur), qui retient les bulles d'air et assure une protection thermique, et les jarres, des poils plus longs. Très spéciale et recherchée par les hommes, cette fourrure fut à l'origine du déclin des deux espèces, principalement dans le Pacifique nord.

L'ours des mers : armé contre l'eau et le froid

L'ours blanc est, avec l'ours brun (*Ursus arctos*), le plus gros mammifère terrestre carnivore. Son corps est plus allongé que celui des autres ursidés et moins robustement bâti que l'ours brun. Le cou est longiligne et la tête est allongée et étroite. Les oreilles sont petites et rondes ; elles sont par conséquent peu exposées au froid. Les pattes, longues et larges, sont armées de griffes courtes, épaisses et arquées. Les griffes antérieures sont noires ou brunes, fines et très pointues. L'ours blanc se sert de ses griffes antérieures pour saisir les phoques. Les pattes avant sont plus larges que les pattes arrière. La fourrure n'est pas blanche, mais plutôt jaunâtre et lustrée, voire légèrement orangée en été. Cette variation est due à l'oxydation des graisses et à la saleté qui s'accumule en cette saison sur les poils. Seuls le nez et les coussinets plantaires ne sont pas recouverts de fourrure. Cet animal est parfaitement adapté à la vie amphibie dans un environnement polaire. La palmure de ses doigts lui facilite la nage et ses pattes couvertes de poils l'empêchent de déraper.

Des squelettes hétéroclites

Lire un squelette, c'est non seulement traduire le passé d'un animal, mais aussi deviner et comprendre sa physiologie et sa vie. Le squelette des mammifères marins suit le parcours de leur évolution, d'une origine terrestre à une adaptation à un milieu aquatique (cétacés et siréniens) ou semi-aquatique (phoques, loutres et ours blanc).

Squelettes de deux cétacés : (**a**) le marsouin commun (odontocète) ; (**b**) le rorqual bleu (mysticète).

Cétacés : un squelette de mammifère dans un corps de poisson

Le squelette des cétacés est très particulier. Il est assez simple et presque semblable à celui des autres mammifères terrestres… sauf par quelques modifications majeures dues à son adaptation au milieu aquatique. Il est étonnamment léger (17 % du poids corporel) et donc fragile. Au gré du recul des narines vers le sommet de la tête, le crâne a subi de profondes modifications en s'allongeant. La colonne vertébrale est relativement simple et comprend un grand nombre de vertèbres, allant selon les espèces de 40 (dauphin de la Plata) à 97 (marsouin de Dall). Ces vertèbres sont assez rigides sur presque toute la longueur. Elles sont reliées par un disque intervertébral.

On distingue quatre sortes de vertèbres chez les cétacés : les cervicales (au nombre de 7), les thoraciques (entre 9 et 17), les lombaires (entre 2 et 29) et les caudales (entre 15 et 48). Les 7 vertèbres cervicales sont parfois toutes soudées (baleines franches), parfois seules quelques-unes le sont (dauphins et marsouins), voire pas du tout (rorquals, plataniste, inie, béluga, narval). Les vertèbres thoraciques supportent entre 12 à 18 paires de côtes. Si les membres antérieurs existent chez les cétacés, leurs membres postérieurs ont complètement disparu au cours de l'évolution. Le bassin s'est réduit à sa plus simple expression : il ne subsiste que deux os abdominaux appelés « bassin vestigial ». Ces derniers ne sont même pas articulés avec la colonne vertébrale et ne servent que d'armature génitale (en quelque sorte, ils soutiennent, avec des muscles, le pénis), chez les mâles.

Des « pattes postérieures » transformées en nageoires

L'ossature des membres antérieurs (nageoires pectorales) des cétacés est formée par une omoplate, un humérus, un radius, un cubitus, des carpiens, des métacarpiens et des phalanges. Les articulations du coude et du poignet ne permettent plus aucun mouvement et sont donc ankylosées. La seule articulation dans les membres antérieurs se situe au niveau de l'épaule entre l'omoplate et l'humérus.
En examinant les os des nageoires, on voit aisément une ressemblance avec le squelette d'une main humaine, à savoir cinq carpiens et des phalanges. Ces os de la main cétacéenne sont éparpillés : ils ne se touchent pas. On ne distingue pas les doigts de l'extérieur, sauf chez quelques espèces (béluga, plataniste) où ils sont légèrement mis en relief à travers la peau. On compte entre quatre (rorquals) et cinq (cétacés à dents et baleines franches) doigts.
Certains doigts se sont allongés et ont un nombre de phalanges supérieur (jusqu'à sept) à ce que l'on trouve chez les autres mammifères, dont les doigts ne comptent jamais plus de trois phalanges.

Le squelette massif des siréniens

Avec un corps pisciforme, les siréniens ont un squelette identique à celui des cétacés, sauf qu'il est plus dense et massif. Les os crâniens (mâchoire supérieure et mandibules) de ces mammifères aquatiques sont relativement massifs. Alors que chez les lamantins, ce crâne est allongé, relativement étroit, celui du dugong et de la rhytine est plus massif.

La colonne vertébrale est formée par 57 à 60 vertèbres chez le dugong (7 cervicales, 17 à 19 thoraciques, 4 lombaires, 3 sacrums et entre 28 et 29 caudales) et par 43 à 54 vertèbres chez les lamantins (6 cervicales, 15 à 19 thoraciques et entre 23 et 29 lombaires-sacrums-caudales). Les côtes sont également massives. Les côtes et le sternum sont réduits, ce qui pourrait permettre une meilleure mécanique respiratoire.

Les membres antérieurs – qui jouent surtout un rôle de palette natatoire – présentent un humérus relativement court et un radius et cubitus moyennement longs. On compte 5 doigts formés chacun par 3 phalanges. Seuls les lamantins ont entre 3 et 4 ongles.

Comme chez les cétacés, le bassin des siréniens est constitué de deux os en forme de baguettes indépendantes l'une de l'autre. Le bassin des lamantins est de forme quadrangulaire et s'allonge dans l'angle supérieur, où il s'attache à la vertèbre sacrée.

Les palettes natatoires énigmatiques de la rhytine de Steller

Un mystère plane de nos jours sur le squelette des nageoires antérieures de la rhytine. En effet, ces nageoires, de courte taille, sont formées par un humérus, un radius et un cubitus. Métacarpe, carpe et phalanges semblent inexistants. Le naturaliste allemand Georg W. Steller (1709-1746), qui a eu l'honneur de décrire et d'examiner l'anatomie de ce grand sirénien du Pacifique nord, ne mentionne en aucun cas l'existence des os de la main dans l'ostéologie des membres antérieurs de la rhytine. Est-ce un oubli ? Rien n'est moins sûr car les os de la main manquent sur la totalité des quelques squelettes montés de rhytine de Steller et exposés dans les principaux musées du monde.

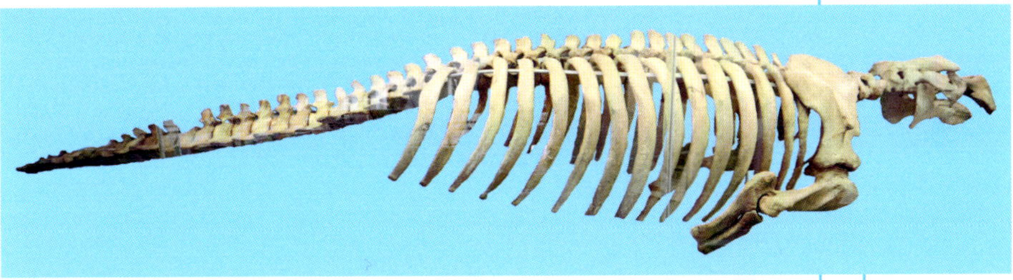

Squelette de rhytine de Steller. Les os de la main sont toujours absents chez cette espèce. Elle serait le seul mammifère à ne pas posséder une ossature de la main.

Il s'agit d'ensembles squelettiques montés à partir d'ossements d'individus différents trouvés sur les anciennes plages de dépeçage de l'île Béring, dans le Pacifique (archipel du Commandeur - Komandorski Ostrova). Des crânes ont été récoltés, ainsi que des vertèbres, des côtes et divers ossements des palettes natatoires. Il faut dire néanmoins que certains de ces os trouvés sur l'île Béring sont dans un très mauvais état : les pièces scientifiques de ce sirénien aujourd'hui disparu ont reposé près de deux siècles dans le sol humide. Elles sont entreposées désormais dans les principaux musées de la planète (Vienne, Londres, Washington, Lyon, Saint-Pétersbourg, etc.) et sont accessibles au public. Seul, dans la galerie d'anatomie comparée du Muséum national d'histoire naturelle de Paris, au Jardin des Plantes, le squelette de la rhytine a été monté avec une « main » énigmatique (probablement inspirée du squelette de la main d'un lamantin). Mais celle-ci ne correspondrait aucunement à une nageoire pectorale de la « vache de mer » de Steller : elle est beaucoup trop longue et les palettes natatoires de la rhytine étaient très courtes. Il est fort possible que les nageoires pectorales de la rhytine étaient, en quelque sorte, atrophiées et ne disposaient plus d'une ossature de la main. Elles auraient eu, à la place, des vestiges du métacarpe, du carpe et peut-être des phalanges sous forme de cartilages, qui se seraient décomposés. Ce qui expliquerait l'absence d'os de la main sur les sites archéologiques russes.
Métacarpe, carpe et phalanges sont-ils réellement absents dans l'anatomie ostéologique de ce sirénien disparu ?

Pinnipèdes : un squelette proche des mammifères terrestres

Le squelette des pinnipèdes n'est pas très différent de celui des autres mammifères terrestres. Leur crâne est relativement robuste avec des narines restées à l'extrémité du rostre. Les orbites sont généralement très grandes, pour accommoder des globes oculaires grands eux aussi (qui leur permettent de voir dans des milieux obscurs). La partie frontale crânienne entre les orbites est étroite. Toutefois, on distingue quelques différences dans l'ossature de la tête entre les otaries, les phoques et les morses. Chez les otaries, on note la présence d'une apophyse supra-orbitale formant une sorte de plateau au-dessus de l'orbite. Elle est absente chez les phocidés. Le crâne des morses (odobénidés) présente des maxillaires élargis en raison de canines transformées en défenses. On ne note aucune apophyse supra-orbitale, mais seulement une apophyse antéorbitale.

La colonne vertébrale des pinnipèdes a été beaucoup moins modifiée que celle des cétacés et des siréniens. On compte 7 cervicales non soudées, 15 thoraciques, 5 lombaires, 3 sacrums (soudés entre eux) et entre 10 et 12 caudales de petite taille. Les vertèbres cervicales chez les otaries sont beaucoup plus grosses que celles des phoques et leurs apophyses sont plus développées (permettant ainsi l'ancrage de muscles plus puissants pour la locomotion avec les membres antérieurs).

Les pinnipèdes sont les carnivores qui se sont le mieux adaptés à la vie marine. Ils possèdent deux membres antérieurs et deux autres membres postérieurs, organisés sur le même plan et avec les mêmes parties que les autres mammifères terrestres. Seulement, toutes les pièces osseuses de ces membres, à savoir l'humérus, le radius et le cubitus, sont très courtes, aplaties, et les doigts sont réunis par une palmature qui ne laisse visibles que les griffes, de telle sorte que les membres sont transformés en véritables nageoires. Toutefois, otaries, phoques et morses ne se déplacent pas de la même manière et présentent donc une ossature des membres légèrement différente entre eux.

Tous les pinnipèdes possèdent un os pénien (ou *baculum*). Ce dernier est la partie ossifiée à l'extrémité antérieure du corps caverneux (*corpus cavernosum*, ou pénis). L'os pénien peut atteindre 60 cm de long et peser jusqu'à un kilogramme chez le morse.

Squelettes de deux pinnipèdes : (**a**) phoque gris ; (**b**) morse.

a

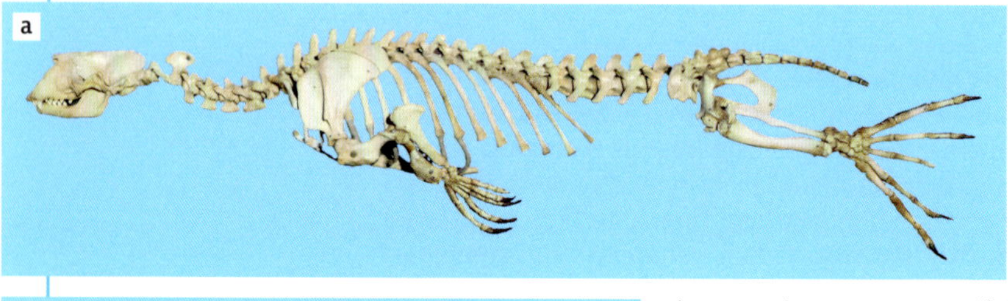

b

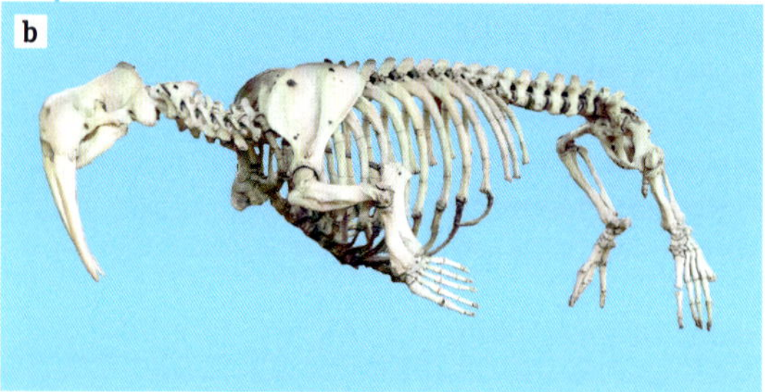

Des anatomies et des locomotions différentes

La différence majeure entre phoques et otaries réside dans leur déplacement. Les phoques (phocidés) ont des membres très courts et marchent en rampant sur le ventre, alors que les otaries (otariidés) et les morses (odobénidés) marchent en s'appuyant sur leurs membres antérieurs et postérieurs.

Dans le milieu liquide, les phoques ne se servent pratiquement pas de leurs membres antérieurs pour la propulsion (à l'exception toutefois du phoque léopard), mais pour se stabiliser et faciliter leurs virages. Toutes les articulations des membres antérieurs sont fonctionnelles : épaule, coude et poignet restent mobiles. Les doigts présentent de puissantes griffes qui aident ces animaux à s'agripper aux roches ou à la glace. Les membres postérieurs — très courts — ne servent plus qu'à la propulsion sous-marine. Ces membres sont complètement rejetés vers l'arrière car une apophyse de l'astragale limite leur mouvement vers l'avant. Le petit orteil ainsi que le gros orteil sont longs, alors que les autres doigts sont très courts. Tous ces doigts peuvent s'écarter considérablement lors du mouvement de propulsion. Le pied devient alors une palme très efficace grâce à la peau qui y est fixée. Le tibia et le péroné sont soudés et bien développés. Quant au fémur, il est très court.

Locomotion chez les pinnipèdes : (**a**) les phocidés (ici, un phoque de Weddell) se déplacent sur le ventre, alors que (**b**) les otariidés (ici, un lion de mer d'Amérique du Sud) marchent sur leurs quatre membres.

Otaries et morses se servent de leurs membres antérieurs aussi bien pour nager que pour marcher. L'omoplate est, chez ces deux groupes de pinnipèdes, bien développé et porte deux épines, la deuxième se trouvant dans la fosse sus-épineuse. Cette particularité ostéologique est en rapport avec leur mode de déplacement sur la terre ferme, ces animaux prenant solidement appui sur leurs membres antérieurs. Les doigts ne portent plus que des griffes vestigiales et la dernière phalange chez les otaries se prolonge par une pièce de cartilage plus ou moins longue. Alors que les membres postérieurs ne sont pas sollicités dans la locomotion aquatique chez les otaries, chez les morses, au contraire, ils sont utilisés. Chez les deux, les membres postérieurs se replient vers l'avant et supportent le poids du corps lors du déplacement terrestre, l'astragale permettant cette rotation.

Des loutres de mer aux squelettes dissemblables

Chez les loutres de mer, on note une grande différence, non seulement morphologique mais aussi ostéologique, entre la loutre marine d'Amérique du Sud (*Lontra felina*) et la loutre de mer du Pacifique nord (*Enhydra lutris*). Chez la première espèce, l'anatomie et la physiologie sont identiques à celles des autres loutres dulcicoles (*Lutra* sp. par exemple), quant à la deuxième espèce, nous avons affaire à un animal bien particulier et essentiellement marin. Le squelette de la loutre de mer sud-américaine est élancé avec un crâne allongé. Celui de la loutre de mer du Pacifique nord est beaucoup plus robuste et relativement massif : son crâne est court et massif, ses globes oculaires de grande taille (une adaptation à la vision dans des milieux obscurs, comme chez les pinnipèdes). La colonne vertébrale de la loutre de mer du Pacifique nord (tout comme celle des autres espèces de loutres) présente entre 50 et 51 vertèbres : 7 cervicales, 14 thoraciques, 6 lombaires, 3 sacrums et entre 20 et 21 caudales. Toujours chez la loutre de mer du Pacifique nord, les membres antérieurs sont relativement courts et de petite taille (omoplate, humérus, radius et cubitus). Le squelette de la main (métacarpes et phalanges), de petite taille également, est adapté à une locomotion terrestre, ce qui n'est pas le cas des membres postérieurs. Le tibia, le fémur et le péroné sont relativement courts. Par contre, les métacarpiens et les phalanges sont très allongés. Une peau recouvre l'ensemble du pied et relie chaque doigt, constituant ainsi une palmure efficace pour la propulsion subaquatique.

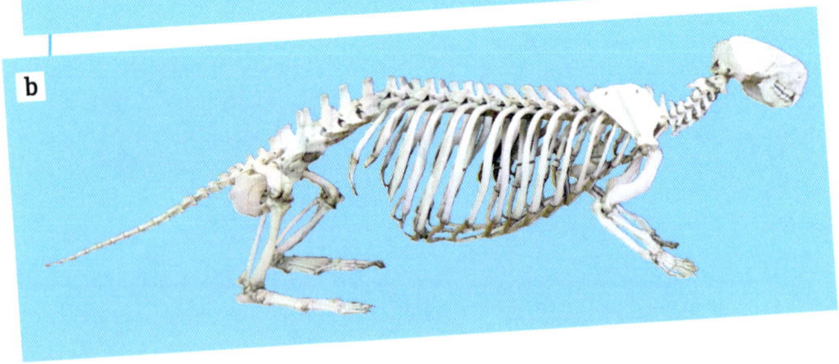

Squelettes des loutres marines : (**a**) corps svelte de la loutre marine d'Amérique du Sud ; (**b**) corps trapu de la loutre de mer du Pacifique nord.

L'ossature en évolution de l'ours blanc

Le squelette de l'ours blanc ressemble à celui de n'importe quel carnivore terrestre, notamment celui des canidés. Cependant, l'ossature est plus robuste et dépourvue de clavicule. La colonne vertébrale est formée par 39 à 45 vertèbres (7 cervicales, entre 14 et 15 thoraciques, de 5 à 6 lombaires, de 4 à 6 sacrums et de 9 à 11 caudales). Le crâne est long et robuste, la boîte crânienne étroite. L'humérus est l'élément le plus fort du squelette des ursidés car il possède de solides nervures où viennent se fixer les puissants muscles des membres antérieurs. Le fémur est l'os le plus long. Contrairement à l'humérus, il n'est pas déformé par les saillies où s'attachent les muscles, moins développés dans les membres postérieurs. Les pattes possèdent 5 doigts préhensiles mais non opposables. Chaque doigt est constitué de 4 phalanges. L'ours blanc possède un os pénien développé, indépendant du squelette. Il se forme avec l'âge. Cet os pénien peut être présent chez certaines femelles.

Le crâne de l'ours blanc est élancé et robuste à la fois. La tête de cet ursidé est adaptée à un mode de vie aquatique.

Des adaptations biologiques

Vivre dans l'eau sans se refroidir

Les mammifères marins et dulcicoles vivent dans l'élément liquide où la déperdition de chaleur est 25 fois plus rapide que sur terre. Cette déperdition se ferait au niveau de la peau par conduction ou convection (sous l'effet des mouvements). Mais elle est contrée chez eux soit par une couche de graisse (cétacés, siréniens), soit par la présence d'une fourrure (loutres), soit par les deux à la fois (pinnipèdes, ours blanc). Comme tous les mammifères, cétacés, pinnipèdes, siréniens, loutres et ours marins sont des homéothermes : ils ont le sang chaud (entre 36 °C et 37 °C) et ont donc une température interne indépendante de la température extérieure. C'est l'une des raisons pour lesquelles ces animaux s'accommodent aussi bien aux eaux froides polaires qu'aux eaux chaudes tropicales et subtropicales.

Le dugong préfère les eaux chaudes des océans Pacifique et Indien.

La couche de graisse chez les mammifères marins a de nombreuses fonctions : la thermorégulation, le stockage d'énergie et le contrôle de la flottabilité. Chez les cétacés et les pinnipèdes, la couche de lard (ou graisse) sous-cutanée est plus épaisse sur le dos que sur le ventre. Chez un dauphin, elle mesure 2 cm d'épaisseur sur le dos, 0,5 cm sur les flancs et à peine 0,4 cm sur le ventre. Elle peut avoir une épaisseur moyenne de 5 cm chez le béluga, 10 cm chez l'éléphant de mer, 15 à 20 cm chez le cachalot et le rorqual commun, et atteindre 50 cm chez la baleine boréale. Elle recouvre tout le corps des mammifères marins, et notamment celui des cétacés et des pinnipèdes, à l'exception des nageoires (dorsale, caudale et pectorales) ou des pattes (antérieures et postérieures). Cette graisse, du moins chez les cétacés, contient à la fois des cellules adipeuses et de nombreuses fibres de tissu conjonctif, disposées en couches entrecroisées. Ces fibres serviraient à emmagasiner puis à restituer l'énergie mécanique des muscles (permettant la natation) situés à la base de la nageoire caudale. En même temps, ce lard possède un réseau capillaire où le système nerveux, perdant de la chaleur, est recouvert par le système artériel, plus chaud. Le tout forme un contre-courant vasculaire et thermique qui participe au maintien d'un faible gradient thermique à travers cette couche de graisse et au niveau de l'interface muscle/lard. Les variations brutales de températures internes ne peuvent donc se produire chez les cétacés. D'où une économie énergétique dans la thermorégulation.

Le narval, qui vit dans l'Arctique, est un exemple de mammifère marin inféodé aux eaux froides.

Le rorqual à bosse évolue dans les eaux froides l'été (saison d'alimentation) et dans les eaux chaudes l'hiver (saison des amours).

Si baleines et dauphins sont si bien bâtis pour résister à la déperdition calorique, comment font-ils pour perdre de l'énergie lorsque la température interne augmente après un effort physique intense ? Les cétacés, contrairement aux autres mammifères marins, ne possèdent pas de glandes sudoripares. Ils ne suent donc pas quand leur température interne augmente. Aussi ont-ils développé un autre système « de refroidissement » au niveau des extrémités de leur corps (nageoires pectorales, caudale et dorsale), qui offrent une surface d'échange thermique non négligeable. Ces zones, comme nous venons de le voir, sont recouvertes de peu de graisse, et leur riche vascularisation est capable, par vasodilatation, de dissiper également de la chaleur quand la température corporelle centrale augmente. Le système de thermorégulation est encore plus perfectionné au niveau des nageoires. Les artères qui apportent le sang aux capillaires sont entourées d'une gaine de veines ramifiées en « réseaux admirables » (*rete mirabile*).

Ce système de refroidissement par l'intermédiaire des extrémités est également observé chez les pinnipèdes ainsi que chez les manchots, et dans une moindre mesure chez la loutre de mer du Pacifique nord. Dans le cas où les cétacés et les pinnipèdes chercheraient à se refroidir, l'afflux sanguin dans les artères les dilate, écrasant le réseau des veines et déviant ainsi le sang vers d'autres veines normalement contractées, qui ramènent le sang refroidi directement à la circulation corporelle générale. À l'inverse, pour augmenter leur température corporelle, ces mammifères marins utilisent le sang chaud des artères pour réchauffer les veines et donc le flux de sang refroidi par le contact avec l'extérieur. C'est en quelque sorte le principe de l'échangeur de chaleur ou de fraîcheur à contre-flux. Les dauphins, baleines, phoques et otaries augmentent ou diminuent la circulation sanguine vers les nageoires ou les membres en fonction de leurs besoins. Sur terre, les otaries font monter leur température corporelle en pliant leurs nageoires sous le corps. Si elles veulent se refroidir, elles écartent alors leurs nageoires et les exposent au vent. En mer, il n'est pas rare de voir des otaries voguer, le corps au repos, exposant leurs nageoires au-dessus de la surface des eaux. Ainsi, s'il fait chaud, elles se réchauffent, et s'il fait froid, elles se refroidissent. Les phoques également écartent leurs nageoires au soleil pour se réchauffer ou à l'ombre pour se refroidir. Les loutres de mer du Pacifique nord font de même avec leurs pattes antérieures lorsqu'elles les sortent au-dessus de la surface de la mer.

Le risque de surchauffe corporelle interne concerne particulièrement les pinnipèdes vivant dans un environnement chaud. Si la température extérieure augmente dans la journée, les otaries à fourrure, les lions de mer et les phoques cherchent alors des bassins naturels remplis d'eau pour s'y reposer ou se réfugient dans les grottes et les éboulements. Certains pinnipèdes, comme les éléphants de mer, le lion de mer de Nouvelle-Zélande (*Phocarctos hookeri*) et le lion de mer d'Amérique du Sud (*Otaria byronia*), se refroidissent en creusant une cuvette dans le sable humide ou le gravier et en projetant ces matériaux sur leur corps à l'aide de leurs nageoires antérieures. Quant aux quelques espèces tropicales, comme les phoques moines, elles restent sur le sable humide durant la nuit et se réfugient dans l'eau durant la journée.

La fourrure joue un rôle important chez l'ours blanc dans la protection contre le froid. Imperméable, elle est constituée de poils creux et emprisonne la chaleur, de sorte que le métabolisme de l'animal parvient à se maintenir, même lorsqu'il fait – 40 degrés centigrades, à une température interne proche de 37 degrés centigrades. Étant donné qu'en prévision des huit longs mois d'hiver arctique, l'ours blanc doit stocker de substantielles réserves de graisse, le tissu adipeux logé sous l'épiderme ne semble pas jouer un rôle primordial dans la protection face au refroidissement, mais représente avant tout un important stock d'énergie. L'épaisseur de la couche de graisse est, d'une part, variablement et irrégulièrement répartie ; d'autre part, elle présente une composition différente suivant sa localisation. Elle peut atteindre 15 cm chez une femelle gravide lorsqu'elle entre dans sa tanière (automne et début de l'hiver) pour se réduire à seulement 3-4 cm chez la même femelle au printemps. Dans la chaleur relative du bref été, l'ours frise la « surchauffe ». C'est pourquoi il utilise une technique de chasse peu gourmande en énergie : l'attente durant des heures.

Les mammifères marins boivent-ils ?

Une des questions souvent posées lors de mes conférences est de savoir si baleines et dauphins boivent l'eau de mer ! En principe, oui ! Mais... Dans les années 1940, on pensait que les cétacés ne buvaient pas ! Puis, dans les années 1970 et 1980, quelques études ont démontré que certains delphinidés (dauphin commun, lagénorhynque du Pacifique, grand dauphin du Pacifique, globicéphale tropical) consommaient de l'eau de mer en très petite quantité, à savoir entre 4,5 et 13 ml par kilogramme de poids corporel et par jour. Lors de voyages en Antarctique, il nous est arrivé régulièrement d'observer des phoques (phoque crabier, phoque de Weddell et léopard de mer), couchés sur la banquise, se pencher au-dessus de la mer pour boire.

Cette otarie à fourrure antarctique est en train de boire dans un ruisseau de fonte d'un glacier sur l'île de la Déception (archipel des Shetland du Sud, Antarctique).

Sur l'île de la Géorgie du Sud, dans l'Atlantique sud, les éléphants de mer et les otaries à fourrure antarctiques s'abreuvent dans les ruisseaux d'eau douce de fonte de glaciers. Au Québec, durant l'hiver, les phoques du Groenland se désaltèrent en « mangeant » de la glace.

Toutefois, on sait aujourd'hui que les pinnipèdes et les cétacés boivent peu, contrairement aux loutres marines, qui consomment régulièrement de l'eau de mer, et aux lamantins, qui se désaltèrent assez souvent à partir de l'eau douce. Ainsi, plusieurs recherches physiologiques ont démontré que les mammifères marins peuvent concentrer en sodium et en chlorure leur urine avec un ratio bien supérieur à celui de l'eau de mer. Ces mêmes études ont signalé que les pinnipèdes et les loutres produisent une urine dont les concentrations en sodium et en chlorure sont similaires à celles de l'eau de mer. Cela leur permettrait de boire celle-ci sans se déshydrater. Toutefois, à quelques exceptions près (notamment chez les espèces dulcicoles), boire n'est pas un comportement commun chez les pinnipèdes et les cétacés marins.

L'osmorégulation

L'osmorégulation est un processus physiologique qui intervient dans la régulation de la concentration en sels dissous dans les fluides internes des êtres vivants. Les cétacés (à l'exception de certaines espèces comme l'inie de l'Amazone et d'autres dauphins dulcicoles), les pinnipèdes (à l'exception du phoque du Baïkal et d'une sous-espèce dulcicole de phoque commun vivant dans un lac au nord du Québec), les loutres de mer et certains siréniens (sauf le lamantin africain et le lamantin d'Amazonie) sont des mammifères marins. Ils sont au contact avec l'eau salée et en boivent – volontairement ou involontairement – plus ou moins périodiquement.

Mais ces animaux obtiennent avant tout une grande partie de l'eau dont leur corps a besoin en absorbant leur nourriture. La plupart des poissons et des invertébrés (principalement les céphalopodes et les crustacés) dont ils se nourrissent sont composés de 60 à 80 % d'eau et à 3,5 % en moyenne de sels minéraux (soit 35 g/l). La digestion de leurs proies permet de métaboliser les graisses, les protéines et les hydrates de carbone, et de récupérer 1,07 g d'eau pour chaque gramme de gras dégradé et 0,4 g pour chaque gramme de protéine. Plus les poissons dont ils se nourrissent sont gras, moins ils ont besoin de boire !

Lorsque les mammifères marins sont jeunes (notamment les pinnipèdes durant la saison de reproduction), ils se nourrissent et se désaltèrent en métabolisant leurs réserves de graisse. Ce processus est tellement efficace que les lions de mer peuvent rester 45 jours sans boire, sans en subir de conséquences. En va-t-il de même pour les cétacés à fanons lorsqu'ils migrent et se reproduisent dans les eaux tropicales et subtropicales ? On ne le sait toujours pas !

Les pinnipèdes ont un autre moyen pour limiter la perte d'eau. Ils le font par un système à contre-flux dans leurs narines. En examinant le crâne d'une otarie ou d'un phoque, on constate la présence de replis osseux très complexes à l'intérieur du conduit nasal. Ces replis osseux sont tapissés d'une très grande surface de peau, parcourue par de très nombreux vaisseaux sanguins. On note également le même système de replis osseux chez les ours (beaucoup plus développés chez l'ours blanc) et les loutres (tout particulièrement chez la loutre de mer du Pacifique nord). Lorsque ces animaux font surface et expirent, la vapeur d'eau contenue dans l'air expiré se condense dans ces replis et est ensuite récupérée.

Des reins en grappe de raisin

Des études réalisées par le biologiste étasunien Knut Schmidt-Nielsen (1915-2007), dans les années 1970, ont démontré que les reins des cétacés produisent une urine beaucoup plus concentrée que l'eau de mer environnante. Les mysticètes n'ont besoin d'uriner que 0,65 l pour éliminer les sels introduits dans leur organisme par un litre d'eau de mer. Loin de se déshydrater, donc, ils gagnent un tiers de litre d'eau pure par litre d'eau de mer bu. Actuellement, on ne sait toujours pas ce qui permet aux reins des cétacés d'être aussi efficaces. Par contre, en les examinant, on constate plusieurs détails non négligeables. Ces reins sont relativement gros : ils pèsent en moyenne le double de ceux d'un mammifère terrestre de poids équivalent et ils peuvent atteindre 200 kg chez un rorqual commun d'une soixantaine de tonnes.

Les reins des cétacés, des pinnipèdes et de l'ours blanc sont divisés en lobules relativement petits ou moyens (selon les espèces), les réniculis, qui, on le présume, fonctionnent comme des reins miniatures indépendants. Cette division en réniculis a pour effet de diminuer une structure qui est associée généralement avec la capacité plus ou moins grande des reins à concentrer l'urine (l'anse de Henle). Seuls les siréniens et les loutres marines – chez les mammifères marins – n'ont pas de reins avec réniculis. Chez les cétacés, le nombre de réniculis est considérable, si bien que leurs reins ressemblent à de gigantesques grappes de raisin. On en compte par exemple jusqu'à 3 000 chez le rorqual bleu. Chez les pinnipèdes, les reins sont beaucoup moins nombreux et donc un peu plus gros.

Sentir et communiquer dans l'eau

Sentir et communiquer dans l'eau

Juin 1999 dans les eaux limpides et chaudes des Bahamas, au large des îles Bimini. Avec quatre de mes amis, nous nageons dans une eau à 30 °C et au-dessus de fonds de 10 m seulement. Des dauphins tachetés de l'Atlantique apparaissent autour de nous. Ils tournent sur eux-mêmes, puis s'immobilisent en nous regardant… ils viennent ensuite nous frôler. Leur peau élastique est sensible et les cétacés veulent prendre contact avec nous. Ils -meublent le silence aquatique par des sifflements, puis par des grincements peu perceptibles. Ils se parlent et nous observent tout en nous analysant avec leur sonar.

Les ultrasons lancés par les dauphins viennent percuter nos corps, les traversent, se reflètent sur la surface de la mer puis reviennent vers leur cerveau sous la forme d'écho. À cet instant, les mammifères marins possèdent une image en trois dimensions de leur environnement. Non seulement ils localisent les cinq plongeurs, mais ils voient également nos entrailles et notre squelette, évaluent notre poids et notre taille et sont informés de notre état de santé. Nous venons de subir une radiographie naturelle à la « cétacéenne ».

Page précédente
Tous les sens sont utilisés chez ces trois céphalorhynques de Commerson : ils communiquent entre eux avec des basses fréquences, s'écoutent, s'écholocalisent, se caressent et s'observent.

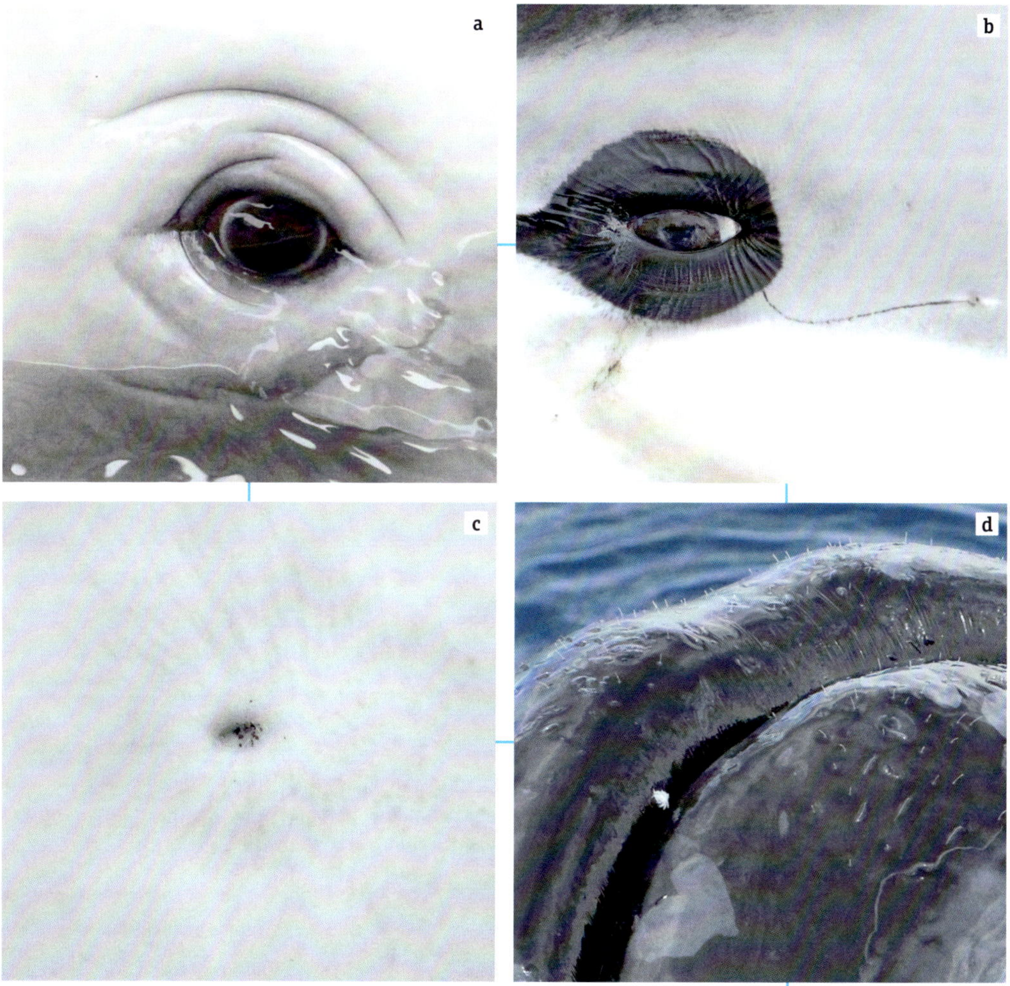

Des organes sensoriels adaptés à l'élément liquide chez les cétacés : (**a**) l'œil du béluga ; (**b**) chez le lagénorhynque de l'Atlantique, l'œil est relié à l'orifice de l'oreille interne par une mince ligne pigmentaire ; (**c**) le minuscule orifice auriculaire du béluga ; (**d**) les vibrisses sont souvent visibles sur l'extrémité de la mâchoire supérieure de la baleine franche.

Des sens adaptés à l'environnement aquatique

Toutes les espèces animales se doivent de posséder un système sensoriel spécialement adapté aux conditions environnantes. Si les biotopes dans lesquels évoluent les mammifères aquatiques sont hostiles – comme peuvent l'être les températures de l'eau ou les profondeurs par exemple – cette perception sensorielle doit être aussi performante que possible.

Au cours de leur évolution, les anciens organes des sens jadis adaptés à un environnement terrestre ont dû s'orienter vers une vie amphibie puis une vie subaquatique. Si certains organes sensoriels devenus inutiles dans le milieu liquide ont été réduits à leur plus simple expression, d'autres ont subi une évolution fulgurante. Parmi les mammifères aquatiques, les organes sensoriels des cétacés sont ceux qui ont le plus drastiquement évolué.

Le goût

La langue des cétacés, surtout celle des odontocètes (ici, l'orque), présente des papilles gustatives. Moins nombreux que chez les humains, ces organes ont cependant un rôle non négligeable chez ces mammifères marins.

On a longtemps pensé que ce sens était complètement atrophié chez les cétacés, étant donné que ces mammifères ne mâchent pas mais avalent entièrement leur nourriture. Cependant, en étudiant l'anatomie de leur langue, on constate la présence de papilles gustatives à la base, notamment chez les odontocètes (grand dauphin, marsouin commun, dauphin commun). En étudiant les 7e et 9e paires de nerfs crâniens et la zone de l'hypothalamus liée à la perception du goût, on est de plus incité à penser que le sens du goût est aussi développé chez les cétacés que chez les autres mammifères. Des recherches faites sur des grands dauphins captifs nous ont même montré une sensibilité dix fois supérieure aux humains pour ce qui est des sensations « acide » (acide citrique) et « salée » (chlorure de sodium). Par contre, leur sensibilité au « sucré » serait dix fois moindre. Pourquoi cette sensibilité particulière ? Doivent-ils évaluer le degré de salinité de l'eau ou identifier le passage d'un congénère (urine, fèces) dans l'élément liquide ? On s'est d'ailleurs aperçu que les dauphins sont sensibles à certaines substances chimiques. En effet, les delphinidés captifs n'acceptent pas n'importe quelle nourriture. S'agirait-il d'une certaine faculté de discrimination gustative, voire d'une ébauche de l'art de la dégustation ?

Nous possédons peu de données sur le goût chez les siréniens. Leur langue est peu mobile, pourvue de papilles gustatives, avec une extrémité cornée. Elle servirait (notamment chez les lamantins) à sélectionner les aliments et à reconnaître d'autres individus en « goûtant » ce à quoi ils se sont frottés. Chez le dugong, les papilles gustatives sont disposées dans une rangée de fosses sur le bord de la langue, ce qui est également le cas chez les lamantins. Mais en dépit de ces informations lacunaires, il est certain que ces mammifères aquatiques goûtent les végétaux avant de les manger.

Les pinnipèdes possèdent également des papilles gustatives. D'après des recherches effectuées sur les lions de mer de Steller en captivité, ils sont sensibles à l'« acide » (au même niveau que les humains), extrêmement sensibles à l'« amer » et 20 fois plus sensibles que nous au « salé ». Par contre, on ne constate aucune sensibilité chez les phoques et les otaries au « sucré ». Quant à l'ours blanc et aux loutres de mer, nous n'avons malheureusement aucune donnée sur leur perception gustative.

L'olfaction

Comme pour le sens du goût, on a longtemps cru que l'odorat était complètement inexistant chez les cétacés. En effet, à l'âge adulte, les odontocètes ne présentent ni de nerfs olfactifs, ni de lobes (ou bulbes) olfactifs. On en a trouvé, bien sûr, mais chez les jeunes marsouins communs. Pourtant, en 1989, le chercheur allemand Günther Behrmann a démontré la présence de cellules chémoréceptrices (ou neurones chémorécepteurs) dans la région olfactive, située dans les sacs vestibulaires et frontaux du melon chez trois marsouins communs. Chez les mysticètes, on a également localisé une région olfactive, et les bulbes olfactifs sont bien présents, mais seulement chez les fœtus. Diverses recherches anatomiques sur les baleines et les rorquals ont mis en évidence la présence d'un épithélium olfactif dans les centres d'analyse cérébraux.

Ces quelques données nous permettent de conclure que le sens de l'olfaction chez les cétacés est peu connu… mais peut-être pas vraiment inexistant. Leur orifice nasal s'est transformé – durant sa « migration » de l'extrémité du museau jusqu'au sommet du melon – et sa fonction principale (l'odorat) est probablement devenue secondaire. Mais force est de constater que les odeurs autour d'un groupe de dauphins et de baleines, surtout durant l'alimentation, ne manquent pas. On peut penser que les cétacés « analysent » un échantillon d'air au cours d'une séquence de ventilation et détectent la présence d'oiseaux marins ou celle d'un autre congénère en train de se nourrir, sans forcément faire appel à leur sonar (surtout pour les odontocètes) ou à leur système de communication (mysticètes).

Les siréniens ont un système olfactif très peu développé. On sait que ces mammifères aquatiques sont très sélectifs dans leur choix d'alimentation, mais on ne sait toujours pas s'ils utilisent pour cela le toucher, le goût ou l'odorat. L'odorat des loutres de mer n'a fait l'objet d'aucune étude, cependant ce système sensoriel devrait être comparable à celui des autres mustélidés. Les mâles, par exemple, durant la période de reproduction, doivent sentir si une femelle est en chaleur.

Chez les pinnipèdes, l'odorat est présent mais moins développé (les lobes olfactifs sont de petite taille) que chez la plupart des mammifères terrestres. Le système olfactif est réduit chez les phocidés et chez le morse, comparé à celui des otariidés. Cependant, il reste important chez l'ensemble des pinnipèdes et intervient non seulement dans la reconnaissance mère-petit, mais aussi dans l'investigation de l'environnement : les otaries (lions de mer et otaries à fourrure) n'hésitent pas à coller le bout de leur nez sur un objet étranger pour l'identifier. Il semble même plus important que le toucher chez les otariidés.

En revanche, il est évident que les loutres, qu'elles soient dulcicoles ou marines, ont un odorat admirablement développé. Si on étudie le crâne des loutres marines, notamment celui de l'espèce nord-pacifique, on peut constater la présence d'ethmoturbinés (ces replis osseux en forme de nid d'abeilles) qui seraient non seulement liés à l'osmorégulation, mais probablement aussi à l'odorat. Régulièrement, les loutres de mer reniflent les objets, les autres loutres ainsi que la surface de la mer. On a identifié, du moins chez les espèces fluviales, la présence d'une chimioréception au niveau du rhinarium, qui correspondrait à une sorte « d'odorat » sous l'eau. On imagine que les deux espèces marines ont également cette capacité-là. À la surface et sur la terre ferme, les mâles perçoivent les femelles en chaleur par leur odeur sur de grandes distances.

Quant à l'ours blanc, son sens de l'odorat est certainement le mieux développé chez les mammifères marins. Au cours de son évolution, son crâne s'est allongé ainsi que ses fosses nasales. Cette transformation permet non seulement une augmentation de la surface de respiration favorisant le réchauffement de l'air inspiré mais améliore surtout les performances olfactives. Ainsi, il est capable de déceler un phoque à une dizaine de kilomètres tout comme l'odeur d'un cadavre de baleine échoué à plus de 30 km, mais aussi

De tous les mammifères marins, l'ours blanc est le mieux équipé sur le plan de l'odorat.

de repérer la cache d'un phoque à travers plusieurs centimètres de neige ou de déceler le trou de respiration de sa proie sous une calotte de glace. D'autre part, les femelles réceptives émettent des substances chimiques (même à doses infimes) appelées phéromones odorantes. Les mâles suivent alors ces traces sur des dizaines de kilomètres de glace.

Pour expliquer ce super odorat de l'ours blanc, il faut étudier une glande spéciale appelée glande de Jacob qui est située au centre de la mâchoire supérieure des ursidés. Présente également chez les canidés, cette glande est particulièrement développée chez l'ours blanc. Ainsi, lorsqu'il approche d'un objet digne d'intérêt ou d'un cadavre, il sort souvent sa langue comme s'il voulait laper l'air et irriguer en même temps cette fameuse glande de Jacob.

Comme tous les delphinidés, les grands dauphins nagent souvent ensemble en gardant un contact tactile entre eux.

Le toucher

Ce sens est très développé chez les cétacés, leur peau étant extrêmement sensible sur ce plan-là. Les zones corticales (du cerveau) qui reçoivent les informations tactiles en provenance de la peau (*lobulus simplex* pour la région de la tête et *paraflocculus* pour les régions du tronc et de la nageoire caudale) sont bien développées, tout comme le nerf trijumeau (un des plus gros nerfs crâniens) et les autres nerfs responsables de la transmission des renseignements tactiles à partir du tronc et de l'aileron caudal. Dauphins et baleines adorent les caresses. Les attouchements du bout du rostre, les frottements, les effleurements de nageoires pectorales (et même caudale) et autres formes de caresses sont fréquents chez ces mammifères aquatiques. Ils aiment aussi se faire caresser par des humains, voire se glisser entre leurs bras.

Le corps des cétacés, comme nous l'avons vu, est dépourvu de pilosités mais des poils subsistent chez certaines espèces sous la forme de vibrisses (poils courts et raides dont la base est entourée d'une gaine nerveuse). Certains dauphins en possèdent au bout de leur rostre à la naissance mais qui disparaissent avec l'âge. Par contre, chez les mysticètes, elles demeurent présentes sur l'extrémité et le rebord du museau, sur le bord des mâchoires ainsi qu'autour de l'évent. Elles sont visibles notamment chez le rorqual à bosse et les baleines franches. Chez le premier, on en compte plus d'une centaine, présentes dans des nodules répartis en rangées sur la tête et au bout du menton. Chez les odontocètes, à l'âge adulte, ces vibrisses sont surtout présentes au bout du rostre chez les espèces dulcicoles (inie de l'Amazone, plataniste, dauphin de la Plata, dauphin du Yangtsé). À quoi servent-elles ? Les poils prénataux chez les dauphins océaniques ne semblent répondre à aucun rôle, si ce n'est d'être un vestige d'anciennes vibrisses. Par contre, chez les mysticètes adultes et chez les dauphins dulcicoles, elles servent sûrement à localiser des proies. Les baleines et rorquals les utilisent pour évaluer la densité des animalcules du plancton. Dans le cas où cette dernière serait insuffisante, cela leur éviterait de dépenser vainement l'énergie nécessaire pour engouffrer l'eau qui les contient et les trier. Chez les dauphins d'eau douce, les vibrisses seraient utiles lorsqu'ils fouillent la vase en quête de leurs proies.

Les siréniens sont eux aussi sensibles au toucher. Le dugong, par exemple, peut détecter, localiser, voire identifier un objet situé à 150 m de lui alors que la visibilité dans l'eau ne dépasse pas 5 m. On pense que ce sont les poils qui recouvrent sa peau qui le lui permettent. On en trouve de deux sortes : sous la forme de « pelage » sur le corps et de vibrisses sur le museau. Sur le corps, ils sont très dispersés, particulièrement sur le dos. Sur le museau, les vibrisses sont denses, raides, robustes et surtout innervées. Chez les lamantins, elles sont contrôlées par les différents muscles faciaux et leurs mouvements contribuent à changer la forme de la bouche lorsque ces animaux se nourrissent. Elles permettraient de détecter la nourriture et de choisir les plantes comestibles. Enfin, les dugongs adultes sont sensibles aux caresses, tout comme les jeunes lamantins.

Vibrisses sur le museau d'un lamantin africain.

Chez les pinnipèdes, les vibrisses sont omniprésentes sur la tête et ont un rôle non négligeable. Chez ces mammifères aquatiques, elles sont richement innervées et très sensibles. C'est aussi le cas des autres mammifères, mais chez les pinnipèdes – et surtout chez le phoque du Baïkal – ces poils sont entourés de dix fois plus de fibres nerveuses reliées à dix fois plus de cellules sensorielles (cellules de Merkel) que chez les espèces terrestres pourtant bien équipées (comme les loups et les félins). Ces poils se localisent à plusieurs endroits sur la tête. Il y en a sur le museau, au-dessus des yeux (phocidés et otariidés), ainsi qu'à mi-chemin entre les yeux et les narines (phocidés).

Ces vibrisses sont ovales et lisses chez les otariidés et les odobénidés, ainsi que chez certains phocidés (phoque barbu et phoques moines) ; ou très plates et texturées chez les phocidés. Elles sont probablement utilisées chez les pinnipèdes comme récepteurs hydrodynamiques pour localiser et suivre des proies. Elles sont également sensibles aux sons diffusés sous l'eau. Elles réagissent entre 100 Hz et 2,5 kHz (1 hertz est égal à un cycle par seconde). Les éléphants de mer, qui plongent à de grandes profondeurs et donc dans une obscurité complète, les utilisent pour trouver leur nourriture en dépensant le moins d'énergie possible. Les phoques communs sont capables de repérer de même la trace d'un poisson à 40 m de distance. Les morses présentent entre 450 et 700 vibrisses sur la lèvre supérieure. Elles sont incolores, raides, épaisses et érectiles, et mesurent entre 8 et 10 cm de long. Ils s'en servent pour détecter les mollusques benthiques qui se cachent sous le sable.

Vibrisses chez les pinnipèdes : (**a**) courtes et raides chez un jeune morse ; (**b**) longues chez le phoque de la mer Caspienne.

Le phoque barbu est un autre cas chez qui les vibrisses ont un rôle important dans l'alimentation. Elles sont très longues, denses, épaisses, nombreuses et droites (lorsqu'elles sont humides) ou bouclées (lorsqu'elles sont sèches). Ce pinnipède arctique s'alimente également d'invertébrés benthiques, notamment de crustacés, qui vivent enfouis dans le sable ou la boue.

La perfection tactile est indispensable chez les loutres de mer et cela grâce à leurs nombreuses vibrisses. Comme chez les pinnipèdes, les vibrisses faciales (ou « moustaches ») des loutres marines – plus épaisses chez la loutre de mer du Pacifique nord – sont longues et rigides, plus courtes sur le devant du museau. Parfaitement réparties sur leurs lèvres épaisses, elles forment un large éventail d'une quinzaine de centimètres d'envergure : un organe sensoriel qui détecte les petites turbulences et probablement les pressions, informant sur le départ précipité d'un poisson à courte distance, sans même le toucher. Outre les vibrisses de la lèvre supérieure, les loutres marines sont pourvues – comme leurs cousines dulcicoles – de deux bouquets de poils rigides implantés à la base des joues, en position inférieure, juste en arrière de la bouche. On note aussi des pinceaux additionnels de poils localisés en arrière des yeux et au-dessus, en guise de sourcils.

Les longues vibrisses de la loutre de mer du Pacifique nord.

Chez l'ours blanc, les vibrisses sont peu nombreuses et particulièrement rigides. On ne sait toujours pas si elles sont utilisées pour localiser les phoques sous la couche de glace. En revanche, on sait qu'il se sert de ses pattes, de son museau et de ses lèvres comme détecteurs tactiles. On voit ainsi souvent ce mammifère marin monter sur les habitations pour tester leur solidité, quand il ne touche pas des objets avec sa truffe ou appuie son museau sur les vitres pour évaluer leur résistance.

L'ouïe

Le monde aquatique est loin d'être ce « monde du silence » si cher à Jacques-Yves Cousteau. En effet, un véritable bruit de fond de basse fréquence, allant jusqu'à 10 kHz, y règne en permanence. En outre, la vitesse du son dans le milieu liquide est près de cinq fois plus rapide que dans l'air (1 500 m/s contre 340 ms/s). Au cours de leur évolution, les mammifères aquatiques ont développé leurs sens auditifs en relation avec leur mode de vie. Cette adaptation et cette évolution sont plus marquées chez les cétacés. À première vue, ceux-ci ne montrent pas d'oreilles… externes. S'ils ne présentent pas de pavillons auditifs visibles, les oreilles sont pourtant présentes sous la forme d'un petit orifice de 2 mm de diamètre derrière chaque œil. Ces oreilles internes sont ainsi isolées acoustiquement l'une de l'autre et du crâne, de façon à conserver la sensation du relief sonore (ce qui serait impossible avec des pavillons externes sous l'eau).

Chez les autres mammifères, notamment chez les pinnipèdes, les loutres de mer et l'ours blanc, les organes auditifs sont contenus dans une apophyse de l'os temporal crânien (le temporal est solidaire du reste des os crâniens) nommée rocher ou massif pétreux. Chez les cétacés, l'anatomie auditive est complètement différente. Les organes de l'oreille sont constitués par un ensemble d'os distincts : un os pétreux (appelé os pétrotympanique) et l'os de la bulle tympanique (bulle auditive). Ces os tympaniques ne sont pas soudés au crâne et cette isolation permet aux cétacés – et surtout aux odontocètes – une résistance aux fortes pressions acoustiques, qui sont 60 fois plus importantes dans l'eau que sur terre. Elle donne aussi une certaine rigidité au système de transmission, favorisant le passage des hautes fréquences.

Les orifices auditifs des siréniens sont eux aussi minuscules (quelques millimètres de diamètre) et non visibles de l'extérieur. Ils s'ouvrent dans la direction du prolongement de l'angle postérieur des yeux. Malgré cette petite taille, leur ouïe est bonne. Les lamantins, par exemple, entendent des sons de basse fréquence situés entre 10 Hz et 1,5 kHz et peuvent percevoir jusqu'à 35 kHz. L'espèce amazonienne entend jusqu'à 3 kHz.

Chez les pinnipèdes, on distingue les phoques et les otaries par la présence ou l'absence d'oreilles externes. Chez les lions de mer et les otaries à fourrure, les oreilles présentent chacune un pavillon externe auditif de petite taille et conique, alors qu'il est absent chez les phocidés et les odobénidés : phoques et morses ont, comme les cétacés, un simple orifice débouchant sur des oreilles internes. Anatomiquement, on distingue également une différence dans l'appareil auditif interne entre les phoques et les otaries. Chez les phocidés, la bulle tympanique et le mastoïde sont très développés et composés d'os très denses. Chez les otariidés, la bulle tympanique est aplatie et le mastoïde est composé d'os spongieux. Chez tous les pinnipèdes, les os de l'oreille moyenne et interne sont soudés au temporal et on ne comprend toujours pas comment ces animaux parviennent à discriminer l'origine des sons lorsqu'ils sont en déplacement sous l'eau. Il en va de même pour les loutres de mer et l'ours blanc. Toutefois, on sait que les phoques et otaries entendent aussi bien sous l'eau que sur terre et semblent pouvoir repérer l'origine des sons dans l'élément liquide.

L'absence ou la présence de pavillons aux oreilles externes font la différence entre les phocidés (**a**, phoque gris) et les otariidés (**b**, otarie à fourrure de l'Antarctique).

Les loutres ont de toutes petites oreilles externes. Si l'ouïe est bonne chez ces animaux, elle se révèle peu utile pour la pêche. Elle sert surtout à détecter d'éventuels prédateurs terrestres et probablement à écouter d'autres congénères.

L'ours blanc est un animal solitaire et il ne semble pas que l'ouïe joue un rôle fondamental dans sa vie. Il évolue dans un environnement balayé par des vents puissants et est souvent confronté aux craquements et grincements des banquises qui se fractionnent. Son acuité auditive semble être équivalente à celle des humains, à savoir entre 0,02 kHz et 20 kHz.

La vision

Dans l'élément liquide, la vue ne semble pas vraiment nécessaire étant donné que la vision est de courte portée et que l'environnement est bien souvent sombre. En effet, l'eau réfléchit et absorbe la lumière : près de 80 % des rayons solaires sont absorbés à une profondeur de 10 m et 99 % à 40 m. À 200 m, c'est l'obscurité totale. La vue n'est donc pas un sens très important... du moins chez les cétacés.

La vision chez les cétacés n'est pas primordiale. Les odontocètes, comme ce dauphin de Risso leuciste, se guident surtout avec leur sonar dans les eaux troubles.

Les mammifères aquatiques, comme tous les autres mammifères, ont une vision binoculaire, c'est-à-dire qu'ils utilisent leurs deux yeux simultanément. Les cétacés et les siréniens les ont placés sur les côtés de la tête, ce qui leur permettrait d'avoir le plus grand champ de vision possible. Par contre, les carnivores marins (pinnipèdes, loutres et ours blanc), comme la plupart des prédateurs terrestres, les ont placés sur le devant de la tête, leur permettant d'avoir une vision binoculaire et stéréoscopique, tout en réduisant leur champ de vision. Leurs yeux se déplacent généralement ensemble. Leur position sur le côté chez les cétacés a cela d'unique dans le monde animal qu'elle est surtout commune chez les espèces proies (parmi les animaux terrestres), or les cétacés sont des prédateurs dans le milieu aquatique.

Les yeux des cétacés sont relativement petits. Chez un rorqual commun de 18 m de long par exemple, ils ont la taille d'une orange, alors que si l'on se basait sur les proportions humaines, ils devraient avoir la taille d'un ballon de basket. Ils sont mobiles et munis de paupières qui peuvent s'ouvrir et se fermer. Ils sont protégés de la pression de l'eau par la robustesse des paupières, par les arcades sourcilières et par le crâne.

Adapté au milieu liquide, leur iris s'ouvre très largement pour permettre d'impressionner la rétine lorsqu'ils nagent dans des eaux obscures. Cet iris est aussi capable de se refermer en une étroite fente afin de limiter l'apport lumineux (dans les eaux limpides des Caraïbes par exemple). Pour mieux voir dans les profondeurs, le fond de l'œil est tapissé d'une couche réfléchissante contenant de nombreux cristaux de guanine (*tapetum lucidum*), qui renvoie à la rétine la lumière qui n'a pas été absorbée la première fois. Beaucoup d'animaux nocturnes (comme les crocodiles) et surtout les poissons des profondeurs (comme certains requins de fond) possèdent cette couche réfléchissante.

Les cétacés ne possèdent ni canal ni glande lacrymale ; leurs globes oculaires sont toutefois protégés de la salinité par des sécrétions d'un mucus épais et gélatineux venant de glandes spéciales.

Dauphins et baleines ne perçoivent pas les couleurs

La rétine est constituée presque exclusivement de bâtonnets qui sont des cellules particulièrement sensibles à la lumière. Ces dernières permettent une vision monochromatique en noir et blanc. La pauvreté en cônes (qui sont associés à la vision en couleurs) de la rétine des cétacés permet de deviner que ceux-ci sont probablement daltoniens, comme d'ailleurs beaucoup d'autres espèces de mammifères.

Les yeux des dauphins et des baleines sont donc fonctionnels, à l'exception toutefois du plataniste, un dauphin fluvial vivant dans des eaux turbides où la visibilité subaquatique est nulle. Ce dauphin de fleuves asiatiques (Gange et Indus) n'utilise pas du tout la vue pour se diriger. Ses yeux sont minuscules, dépourvus de cristallins et d'épithélium pigmenté. Les nerfs optiques sont très réduits et ce dauphin très spécial est, en quelque sorte, quasiment aveugle.

De temps en temps, les cétacés sortent la tête de l'eau pour observer les alentours. Ce comportement appelé *spyhopping* est fréquent chez certains cétacés comme les orques et les dauphins, mais aussi chez le petit rorqual, le rorqual commun et les baleines franches. En captivité, les dauphins sont capables d'une grande précision dans leurs sauts, venant cueillir les poissons dans la main de leur dresseur à plusieurs mètres de hauteur. Comment font-ils pour voir aussi bien dans l'air que dans l'eau ? C'est probablement par un jeu combiné de l'iris (celui-ci agrandit la pupille sous l'eau et la rétrécit dans l'air) et des modifications de la courbure de la cornée que se fait cet ajustement entre visions aérienne et subaquatique. On a longtemps pensé que les odontocètes étaient hypermétropes dans l'eau et myopes dans l'air, or des études effectuées sur le marsouin commun ont démontré que la courbure interne de la cornée est différente de la courbure externe, ce qui devrait compenser la myopie dans l'air de leur œil à la vision subaquatique. Ainsi, les yeux des cétacés seraient adaptés aux visions aquatique et aérienne.

Le *spyhopping* est un comportement souvent observé chez tous les cétacés : ils sortent la tête de l'eau pour observer au-dessus de la surface. Les cétacés (ici, des orques du Groenland) ont cette faculté de voir aussi bien dans l'eau que dans l'air.

Nous possédons peu d'informations sur la vision chez les siréniens. Ces mammifères ont de tout petits yeux avec de grosses paupières rigides et une membrane nictitante bien développée (sorte de troisième paupière transparente recouvrant leurs yeux afin de les protéger ou les humidifier et permettant en même temps une certaine visibilité). Comme chez les cétacés, on note chez les siréniens la présence de glandes spéciales sous les paupières sécrétant un mucus épais et gélatineux qui protège leurs yeux contre la salinité pour les espèces marines ou contre les détritus pour les espèces dulcicoles. On note l'absence d'un muscle ciliaire bien développé chez les lamantins et les dugongs. Le cristallin est lenticulaire et la sclérotique est épaisse. Les observations comportementales des lamantins et des dugongs nous permettent de conclure que ces animaux voient très bien dans les eaux claires, même si parfois, ils ont tendance à heurter des objets dans leurs déplacements. Il ne semble pas que les siréniens possèdent le *tapetum lucidum*, du moins chez le lamantin d'Amérique du Nord. Enfin, ces animaux auraient une vision dichromatique des couleurs et seraient, en quelque sorte, daltoniens.

Les yeux des pinnipèdes sont relativement gros, à l'exception du morse, chez qui les yeux sont de petite taille. Comme ceux des cétacés, ils sont adaptés à la fois à une vision subaquatique et à une vision aérienne. Ils disposent de pupilles qui peuvent s'ouvrir largement et se refermer verticalement presque complètement, un peu comme chez les autres mammifères terrestres. Ils sont munis d'un *tapetum lucidum*, nécessaire pour voir à de grandes profondeurs. La cornée de l'œil ne peut pas servir de lentille pour la vision sous-marine, car elle a, avec l'humeur aqueuse, le même indice de réfraction que l'eau. C'est le cristallin sphérique qui va se charger de l'accommodation pour la vision sous-marine. La cornée reprend son rôle pour la vision aérienne, car elle n'a pas la même courbure interne et externe. Cette caractéristique, avec la fermeture presque complète de la pupille, permet de corriger la myopie de l'œil en milieu aérien. On imagine que ce sont les mêmes moyens que chez les cétacés qui permettent à l'œil des pinnipèdes de s'ajuster au deux types de vision. De plus, il n'est pas rare d'observer ces animaux tordre leur cou complètement et regarder à l'envers un objet situé derrière eux. Ont-ils la faculté d'ajuster leur vision de l'envers à l'endroit ? On peut se poser la question !

Les yeux des loutres de mer se caractérisent par une musculature ciliaire largement développée. Ces animaux ont la capacité, comme les cétacés, de voir aussi bien dans l'air que sous l'eau grâce à un mécanisme de la lentille. Le fond de l'œil, chez les loutres de mer, est tapissé d'un *tapetum lucidum*. Par ailleurs, on ne sait toujours pas si ces animaux perçoivent les mêmes couleurs que nous ou s'ils sont daltoniens. Toutefois, les loutres de mer ciblent très bien les objets, quel que soit leur environnement.

La vue chez les ursidés semble faible ou – du moins – comparable à l'acuité visuelle des humains. Les yeux de l'ours blanc sont peu développés pour la vision sous-marine. Pourtant, lorsqu'il nage, il ouvre les yeux sous l'eau. Ses yeux possèdent en tout cas une membrane de protection utile contre les agressions des fines particules de glace et pour filtrer les UV, très présents sous ces latitudes, ce qui lui permettrait d'augmenter sa perception des reliefs enneigés et glacés. Sa rétine présente des bâtonnets et des cônes qui paraissent adaptés à une vision dans l'obscurité.

Une communication performante

Le cerveau

La taille, le poids et l'aspect du cerveau des cétacés à dents impressionnent beaucoup les naturalistes et les scientifiques. Beaucoup de chercheurs se sont penchés – et se penchent encore – sur l'anatomie de cet organe, et tout particulièrement sur le système nerveux et l'intelligence des dauphins. Le cerveau, comme chacun le sait, est le centre décisionnel de l'organisme chez un animal. C'est vers lui que remonte l'essentiel des données, qu'il réceptionne, utilise et gère pour adapter les comportements et répondre si possible aux besoins de l'animal. Les perceptions, les mouvements, les réactions sont donc tous le produit du fonctionnement du cerveau.

Le système nerveux central est formé de l'encéphale et de la moelle épinière. L'ensemble est logé, en toute sécurité, dans la boîte crânienne (pour l'encéphale) et dans le canal vertébral, délimité – comme son nom l'indique – par les vertèbres (moelle épinière). Chez les cétacés, les pinnipèdes, les siréniens et les carnivores marins – comme pour les autres mammifères terrestres, d'ailleurs – l'encéphale se divise en deux parties : le cerveau (ou télencéphale) et le cervelet (*cerebellum*). Le cerveau présente d'avant en arrière trois parties : les deux hémisphères cérébraux gauche et droit (subdivisés chacun en régions frontale, pariétale, temporale et occipitale), et le cervelet, qui est responsable de la coordination des mouvements. Enfin, l'encéphale est relié à la moelle épinière par le tronc cérébral (siège des fonctions vitales : respiratoire, cardiaque...).

Comparaison entre le cerveau d'un rorqual bleu (à gauche) et celui d'un humain (à droite).

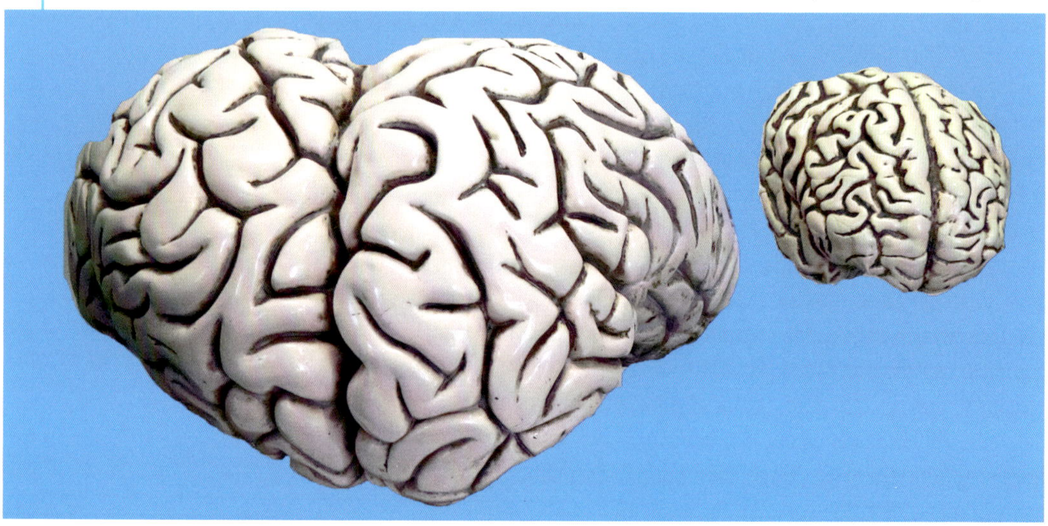

Rapport entre le poids du cerveau et la masse corporelle chez certains mammifères marins (d'après Slijper, 1979 ; Berta *et al.*, 2006 ; et Marino, 2002)				
Famille	**Espèce**	**Poids du cerveau (en g)**	**Poids corporel (en kg)**	**Rapport (en %) poids cerveau / poids corporel**
Cétacés	Grand dauphin	1 600	154	1,038
	Dauphin commun	840	100	0,840
	Globicéphale	2 670	3 178	0,084
	Orque	5 620	5 448	0,103
	Plataniste	295	59	0,500
	Inie de l'Amazone	632	90	0,700
	Béluga	2 083	636	0,327
	Cachalot	7 820	33 596	0,023
	Hypéroodon boréal	3 300	6 000	0,055
	Rorqual à bosse	7 500	35 000	0,021
	Rorqual commun	6 930	81 720	0,008
	Rorqual bleu	7 600	120 000	0,006
Pinnipèdes	Otarie à fourrure septentrionale	355	275 (mâle)	0,129
	Lion de mer de Californie	363	101	0,359
	Lion de mer austral	550	260	0,211
	Phoque barbu	460	450	0,102
	Phoque gris	320	163	0,196
	Phoque de Weddell	550	400	0,138
	Phoque léopard	542	222	0,244
	Morse	1 020	600	0,170
Siréniens	Lamantin de Floride	360	756	0,047
	Dugong	266	281	0,094
	Rhytine	1 158	7 102	0,016
Hominidés	Homme moderne	1 500	64	2,343

Le cerveau des cétacés est de grande taille, ce qui trouble beaucoup de gens. En réalité, il n'est pas très gros si on le rapporte à la taille de l'animal. Aussi, le poids du cerveau, même comparé – comme dans ce tableau – au poids corporel, ne veut pas dire grand-chose. Le cachalot et l'orque ont dans ce tableau un rapport cerveau/corps largement inférieur à celui du grand dauphin. Pourtant, aujourd'hui, nous savons que tous deux sont des animaux très sociaux, avec un « langage » très développé et des comportements sociaux complexes. Plus que la taille du cerveau, c'est surtout le nombre de cellules nerveuses qu'on y trouve et le nombre de connexions entre elles qui en augmenteraient la puissance. Autrement dit, la structure est plus importante que le volume.

Le cerveau des cétacés à dents – et tout particulièrement celui des dauphins (delphinidés) – se différencie nettement des autres mammifères par l'existence d'un lobe supplémentaire. Chez l'homme, par exemple, le cerveau comprend trois lobes : rhinique, limbique et supralimbique. Chez les dauphins (grand dauphin, dauphin commun, orque), on constate l'existence d'un quatrième lobe : le paralimbique. À quoi servirait-il ? Beaucoup de neurologues pensent qu'il est lié à l'analyse des objets faite à partir des nombreuses données obtenues par le retour des échos du sonar. Le lobe paralimbique serait en quelque sorte l'ordinateur acoustique chez les odontocètes… et cette partie du cerveau est particulièrement bien développée chez les dauphins fluviaux (inie, plataniste, dauphin du Yangtsé). Le cerveau des cétacés, et surtout chez les odontocètes, est riche en circonvolutions (même un peu plus que celui des humains). Les aires du cerveau des sens visuel, tactile et surtout auditif sont très développées. En revanche, le système nerveux olfactif est pauvrement évolué.

Le cerveau cétacéen est avantagé au niveau de l'importance des hémisphères cérébraux et de la fissuration de ses cortex, mais il est désavantagé par la densité et la faible différenciation des cellules nerveuses relais (neurones). D'autre part, si on note que le cortex chez les cétacés à dents est très superficiellement étendu et riche en replis, il demeure beaucoup plus mince que chez les primates, notamment les humains, et moins différencié. Certains neurologues considèrent que l'étendue du cortex et la complexité de ses circonvolutions compensent sa faible diversification structurale. En effet, la proportion de la surface corticale destinée aux projections sensorielles du cerveau, qui permet aux cétacés de trouver leur nourriture, de se diriger et de repérer leurs ennemis, est nettement plus développée proportionnellement chez les odontocètes que chez les humains. Le reste est considéré comme la zone des associations où résident la mémoire et les diverses formes élevées de la compréhension.

De ce point de vue, certains dauphins océaniques (grand dauphin, dauphin commun, orque) semblent être les égaux des éléphants et des singes. Des moulages endocrâniens ont été faits sur les crânes fossiles de certains archéocètes suggérant que leur cerveau était moins volumineux que celui des cétacés actuels et encore moins que celui des mammifères actuels. Peut-on conclure que les humains et les cétacés – surtout les odontocètes – auraient un même degré d'intelligence et que la différence entre ces deux catégories de mammifères serait liée à leur évolution dans deux milieux très différents ? La question se pose sérieusement maintenant.

Les dauphins sont-ils intelligents ?

Comment répondre à cette question en quelques lignes ? Les cétacés, et tout particulièrement les delphinidés, sont-ils des animaux intelligents ? Oui, ils le sont incontestablement. L'anatomie de leur cerveau, leurs comportements sociaux, leurs facultés à s'adapter à leur environnement aquatique, mais aussi à faire face à de nouveaux défis, confirment qu'ils ont une intelligence qui leur est propre. Mais savoir si cette intelligence est égale, voire supérieure, à celle des humains, voilà une question embarrassante ! Peut-on y répondre sans tomber dans un certain anthropomorphisme ? En fait, les cétacés n'ont pas une intelligence supérieure à celle des humains et l'intelligence de ces derniers est loin d'être comparable à celles des delphinidés. L'intelligence est en fonction non seulement de la grosseur du cerveau, de sa structure interne et surtout de ses circonvolutions, mais également de l'environnement dans lequel évolue l'animal et des relations sociales entre individus. Dans ce cas, on peut dire que les dauphins — et surtout l'orque — sont des animaux intelligemment évolués par rapport à leur environnement.

Il est vrai que les cétacés à dents sont dotés d'une activité cérébrale d'un niveau élevé, comme l'ont déjà prouvé des milliers de fois les animaux captifs. À ce titre, les bélugas apprennent plus rapidement que les grands dauphins, que les fausses orques, et aussi vite que les orques. Doit-on conclure que les bélugas sont plus intelligents que les orques ? Je ne le pense pas ! Les orques, qui sont de grandes prédatrices, sont capables de piéger les bélugas pour les dévorer.

On définit souvent l'intelligence comme une faculté permettant, entre autres, de résoudre des problèmes abstraits, d'effectuer des raisonnements abstraits, d'imaginer, de se distinguer du monde environnant, de prévoir, de créer et de communiquer grâce à un langage complexe en évolution. Les cétacés ont-ils ces facultés ? Si oui, comment se fait-il qu'ils se laissent piéger par centaines, par milliers parfois, depuis des siècles dans les mêmes pêcheries (notamment au Japon et aux îles Féroé) pour se faire massacrer ensuite ? Pourquoi ne se sauvent-ils pas en sautant au-dessus des filets qui les encerclent lors des pêcheries à thons dans le Pacifique ou dans l'océan Indien ? Ont-ils assez d'intelligence pour raisonner et résoudre un problème ? Mais ne pourrait-on pas se poser les mêmes questions sur les humains ? Pour quelles raisons les hommes se font-ils la guerre depuis des millénaires et pourquoi sont-ils en train de détériorer la planète sans réagir ?

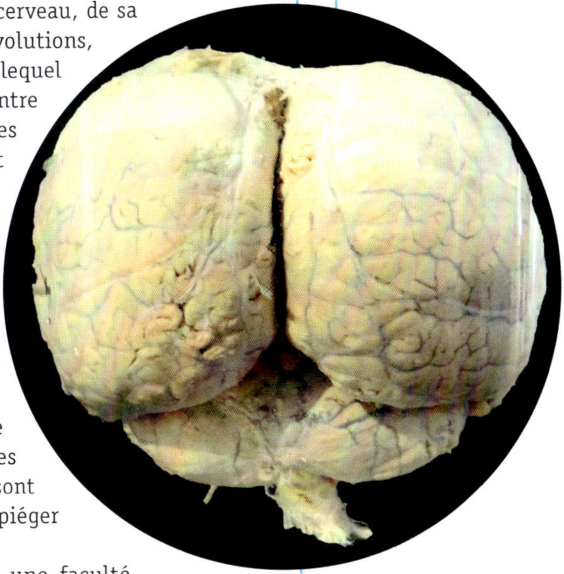

Cerveau d'un grand dauphin. On note les circonvolutions sur sa surface. Les dauphins sont des mammifères sociaux et très complexes. Ils sont probablement les plus intelligents de toutes les créatures marines.

Le cerveau des siréniens est relativement petit, avec quelques sillons (ou *sulcus*) peu profonds. L'anatomie de ce cerveau chez les lamantins et le dugong se caractérise surtout par l'absence de circonvolutions. En examinant le cerveau des lamantins, les neurologues estiment que le cortex cérébral de ces mammifères ne diffère pas de celui de certains primates. Le cerveau du dugong est plus allongé que celui des lamantins, toutefois les hémisphères cérébraux sont séparés par une profonde fissure longitudinale et médiane. Le cerveau des lamantins présente également un important sillon latéral.

Le cerveau des pinnipèdes est plus sphérique que celui des mammifères terrestres et montre plus de circonvolutions, spécialement chez les phocidés. Comparé aux autres espèces de l'ordre des carnivores terrestres, le lobe olfactif est réduit chez les pinnipèdes (plus chez les phocidés que chez les odobénidés et les otariidés). Par contre, le lobe auditif et le système visuel sont très développés. La taille relative du cervelet (dédié à la coordination des mouvements) est plus importante chez eux que chez les carnivores terrestres. On imagine que cela est dû à leurs mœurs subaquatiques, donc à la nécessité de coordonner des mouvements dans un milieu liquide.

De tous les pinnipèdes, le phoque léopard est certainement le plus intelligent. Ce super-prédateur de l'Antarctique est un animal curieux et parfois joueur, mais redoutable pour ses proies.

Quant aux cerveaux des loutres marines et de l'ours blanc, peu étudiés, ils semblent similaires à celui des autres carnivores terrestres.

La production de sons chez les cétacés : entre cordes vocales et sacs périnasaux

On a longtemps cru que les cétacés étaient dépourvus de cordes vocales, or après plusieurs études anatomiques entreprises par le Dr Joy S. Reidenberg de l'université de New York, on peut affirmer que les cordes vocales – ou du moins des structures ressemblantes – sont bien présentes dans leur larynx. Ces cordes sont toutefois moins développées que chez la plupart des mammifères terrestres... Sont-elles fonctionnelles ? Les expériences menées par l'équipe de Reidenberg tendent à démontrer que ces structures sont capables de vibrer dans les registres nécessaires pour produire les sons aux fréquences et aux rythmes utilisés par les baleines et les dauphins. Mais les utilisent-ils ? Beaucoup de cétologues considèrent que non ! Nous sommes nombreux à penser que les sons sont produits par les cétacés au niveau d'une série d'élargissements du conduit respiratoire, entre le crâne et l'évent : les sacs périnasaux. Il s'agit en quelque sorte d'une série de muscles et de replis membraneux pouvant servir de valves qui permettent de produire des sons.

Basse et haute fréquences

Les sons de basse fréquence sont perçus par l'oreille humaine. Les plus graves perçus par les adultes étant d'environ 30 Hertz (1 Hertz, abrégé en 1 Hz, est égal à un cycle par seconde). La limite supérieure dans l'aigu est captée chez l'humain par le jeune enfant, soit quelque 20 000 Hz (20 kHz). Les sons de basse fréquence (ou infrasons, ou fréquences infrasoniques) référencés comme tels sont donc ceux situés en-dessous de 20 kHz et les hautes fréquences (ou ultrasons ou fréquences supersoniques) sont ceux au-dessus de 20 kHz. Les cétacés émettent les deux sortes de sons : les basses et les hautes fréquences. Les basses fréquences sont surtout utilisées pour la communication et les hautes fréquences pour l'écholocation. Les odontocètes utilisent les deux, ce qui est loin d'être le cas chez les mysticètes. Alors que les basses fréquences se propagent assez loin (jusqu'à plusieurs centaines de kilomètres, voire quelques milliers de kilomètres), les hautes sont plutôt locales (quelques centaines de mètres seulement).

La communication par les infrasons chez les cétacés

Les sons de basse fréquence sont largement utilisés chez les cétacés – et plus particulièrement chez les odontocètes – dans la communication, et cela pour une raison évidente : leur grégarité. Les infrasons traduisent parfois un comportement émotionnel et sont produits, chez les odontocètes, sous forme de sifflements (ces derniers sont définis comme des sons purs et continus, d'intensité variable, émis sur une étroite bande de fréquence à l'intérieur du champ audible), de sons explosifs, d'aboiements, de gémissements, de grincements de porte, de claquements de mâchoires, de couinements, etc. Ils sont émis en rafale avec un très haut coefficient de répétition. Ils couvrent une bande de fréquence plus étroite que les « clics » de haute fréquence.

Les odontocètes sont très bavards et n'arrêtent pas d'émettre des sons de basse fréquence, entre 0,2 et 16 kHz chez les dauphins par exemple. Quant aux mysticètes, ils sont plus discrets et n'émettent de basses fréquences que durant la saison de reproduction en hiver : c'est le fameux « chant des baleines » (il leur arrive toutefois de « chanter » lorsqu'ils se trouvent dans les zones d'alimentation en été ou en automne, mais c'est beaucoup moins fréquent). Baleines et rorquals émettent des glapissements, des meuglements, des grognements, des grondements, des gémissements mais aussi des sifflements, des cris perçants, voire des pépiements. Ces sons vont de 50 Hz à 2 kHz pour la baleine boréale et jusqu'à 14 kHz pour le rorqual à bosse. Les chants des baleines sont parfois très puissants et d'une longue portée. Des sons émis par des rorquals à bosse par exemple ont été détectés à des centaines, voire des milliers de kilomètres.

Les bélugas sont les plus bavards des cétacés, émettant énormément de sons, en basses et hautes fréquences. C'est la raison pour laquelle ces animaux arctiques ont été surnommés les « canaris des mers ».

Dialectes et signatures chez les odontocètes

Le monde acoustique des odontocètes n'en finit pas de nous étonner. En effet, à la fin du siècle dernier, les zoologistes ont découvert que certains delphinidés (grand dauphin, dauphins tachetés, orques) et, au sein d'une même espèce, chaque bande (ou chaque clan ou troupeau), émettent des signaux acoustiques qui leur sont propres. On a appelé cela des « dialectes ». Ils ont constaté que, pour certaines bandes qui voyagent quelquefois ensemble, les dialectes sont similaires. Ce dialecte reste stable pendant plusieurs années, ce qui permet d'identifier l'origine des animaux, même s'ils se sont éloignés au fil des générations. Le nombre d'appels et l'accent de chaque vocalisation sont spécifiques de chaque groupe et transmis par la mère à ses petits.
Les cétologues ont ainsi regroupé en « clans » l'ensemble des groupes dont les dialectes se ressemblent. Cette différence dans le « langage » des odontocètes favoriserait probablement l'intégrité du groupe « dialectique » lorsque les aires de répartition de différents groupes ou clans se chevauchent. Ces clans et ces groupes créent une certaine séparation, non seulement dialectique, mais aussi génétique entre eux. Les chercheurs ont également constaté que chaque individu possède sa propre « signature » sonore. Le monde sonore des odontocètes est donc encore plus perfectionné qu'on ne le pensait.

Des ultrasons pour l'écholocation

Les odontocètes produisent des sons de haute fréquence, inaudibles pour les humains. Ils servent à l'écholocation (ou écholocalisation), autrement dit au fameux « sonar » (*Sound Navigation and Ranging* : navigation et détermination de la distance par le son) de ces animaux. Ces ultrasons leur sont nécessaires pour se diriger et percevoir l'environnement. Ces sons (ou sons pulsés) se traduisent souvent par des clics sonores et imperceptibles (par les humains). Ils sont diffusés en trains réguliers avec un taux de répétition variable. Chaque clic est un son très bref allant d'une fraction de milliseconde à 2,5 millisecondes (avec une fréquence de 30 à 800 clics par seconde) et dans des fréquences variant de 0,2 à 250 kHz selon les espèces. Bien que les baleines et rorquals soient bavards en basse fréquence durant la saison de reproduction, ils sont muets dans les hautes fréquences, ou du moins, sont rarement enregistrés. Il est d'ailleurs bien plus difficile de travailler sur l'enregistrement des basses fréquences avec les mysticètes qu'avec les odontocètes.

Toutefois, quelques sons de hautes fréquences (jusqu'à 31 kHz) ont été enregistrés chez le rorqual bleu et même chez le petit rorqual. Des chercheurs canadiens ont eu la chance de capter, avec leurs hydrophones, des clics ultrasonores en les disposant autour d'un rorqual bleu emprisonné dans les glaces hivernales du golfe du Saint-Laurent au Québec. Ils ont alors conclu que ces hautes fréquences lui servaient à l'écholocation des bancs de krills. En effet, ces clics devenaient de plus en plus nombreux au fur et à mesure que les scientifiques approchaient un poids en plomb de la tête du rorqual bleu. La disposition de trois hydrophones leur a permis de situer la source d'émission dans la partie antérieure de la tête. Cette découverte est étonnante car on sait que les mysticètes sont dépourvus d'un conduit nasal aussi complexe que celui des odontocètes.

Deux questions se posent donc sur l'émission ultrasonique des mysticètes. Utilisent-ils les os de leur crâne pour transmettre de façon directionnelle les hautes fréquences du sonar ? Et comment reçoivent-ils l'écho du sonar pour l'analyser et l'envoyer au cerveau ? Certains biologistes pensent que ces sons sont produits à partir d'une poche d'air située dans le larynx (le sac laryngé) et qui pourrait servir de résonateur, d'amplificateur, de filtre. Si les hautes fréquences existent bien chez les mysticètes, elles constituent néanmoins une faible part de la large gamme d'émissions sonores qu'ils produisent. D'ailleurs, certains chercheurs pensent que ce sont précisément les basses fréquences que les baleines et rorquals utiliseraient comme sonar !

Le principe de l'écholocation

L'écholocation est liée à la perception de l'environnement ambiant par l'intermédiaire d'émissions acoustiques de haute fréquence. Les odontocètes diffusent des sons (par le melon à travers une « lentille acoustique ») qui rebondissent sur des obstacles, des proies ou des objets, et reviennent modifiés vers eux sous forme d'écho. Ils sont captés par les mandibules, puis sont transmis aux organes de l'audition par l'os dense et mince des mandibules (la « fenêtre acoustique ») et le cordon graisseux qu'elles contiennent, qui est attaché à la bulle auditive. Le lobe paralimbique du cerveau des cétacés odontocètes traduit en quelque sorte cet écho, analyse ensuite les données recueillies et, croit-on, ces animaux reconstituent ainsi une « image acoustique » (sorte d'image virtuelle) du monde environnant.
Lorsque les cétacés à dents nagent, ils commencent par émettre des sons de basse fréquence destinés à percevoir vaguement l'environnement. Ces sons ont une très longue portée (donc une grande longueur d'onde) avec une faible cadence d'émission. Dès qu'un obstacle ou une proie éventuelle s'affiche sur leur trajectoire, ils abandonnent pour l'essentiel les basses fréquences et commencent à diffuser des ultrasons. Ces sons de haute fréquence ont eux un faisceau étroit et une portée moindre. Un son de 20 kHz, par exemple, a une longueur d'onde de 72 cm, alors qu'un son de 100 kHz présente une longueur d'onde de 1,45 cm seulement. Plus le son est supersonique, moins il a de portée et plus il est précis.

Les orques mangeuses de poissons utilisent beaucoup leur sonar pour localiser leurs proies. Quant aux orques mangeuses de phoques et de baleines, elles sont muettes et restent à l'écoute des sons sous-marins.

La communication chez les siréniens

Muets dans l'aérien, les siréniens sont toutefois – un peu plus – bavards dans l'élément liquide. Les sons sont produits dans la région du larynx mais si les cordes vocales chez les lamantins sont très réduites, elles demeurent toutefois absentes chez le dugong. On ne sait toujours pas de quelle façon sont fabriquées les émissions sonores chez cette dernière espèce. Les siréniens émettent de très basses fréquences et ne pratiquent pas l'écholocation. Les lamantins émettent entre 2,5 et 5 kHz (lamantin de Floride) et jusqu'à 8 kHz (lamantin d'Amazonie). Ils ne diffusent que des sons relativement brefs, pas spécialement bruyants et généralement fondés sur une seule note évoquant un couinement, un gémissement ou un grognement. Ces sons servent probablement à transmettre des informations sur l'humeur ou les intentions de celui qui appelle. Ils sont destinés à la communication sur de faibles distances.

Au cours de leurs activités diverses (repos, alimentation, déplacement), les lamantins émettent moins d'un appel toutes les 10 minutes. Les sons émis entre la mère et son jeune sont moins perceptibles et sont produits toutes les 2 à 3 secondes sur une durée de quelques minutes. Les dugongs vocalisent plus souvent que les lamantins. Ils émettent des gazouillements et des grincements atteignant une fréquence de 18 kHz, des aboiements situés entre 500 Hz et 2,2 kHz ainsi que des trilles de 3 à 3,9 kHz. La fonction de ces émissions sonores n'est pas encore claire mais il est fort probable qu'elles servent à la communication.

Le « tapage » des phoques et des otaries

Les pinnipèdes émettent des sons très variés dans les basses fréquences et diffusent aussi dans les hautes fréquences. La plupart de ces animaux possèdent des cordes vocales ainsi qu'un ou plusieurs sacs près du larynx ou le long de la trachée artère. On ne sait toujours pas comment ils s'en servent pour émettre les sons qu'ils produisent. Chez les phocidés, le phoque barbu produit des sons de longue durée suivis de mugissements. Sa trachée artère possède une membrane élastique

Combat entre deux jeunes éléphants de mer à Yankee Harbour, archipel des Shetland du Sud (Antarctique). Il s'agit ici d'un « jeu d'apprentissage » où les sons servent souvent à impressionner l'adversaire.

sur presque toute la longueur de sa surface dorsale. Le phoque à capuchon peut gonfler un sac sur son museau et même, en fermant une de ses narines et en soufflant dans l'autre, faire sortir de l'une d'elles une partie extensible de la cloison séparant les deux fosses nasales, comme un sac rouge. Ce sac est utilisé visuellement pendant la saison de reproduction en hiver et lorsque le pinnipède agite la tête. Il l'utilise aussi pour émettre des sons.

Les éléphants de mer mâles sont très bruyants et leurs grognements et mugissements sont audibles à plus d'un kilomètre. Certains sons émis par ces immenses pinnipèdes sont aussi très sonores et métalliques. La chambre de résonance formée par la trompe qui obstrue les narines leur permet de se faire entendre très loin. Quant aux femelles éléphants de mer, elles émettent des sifflements bruyants et râpeux lorsqu'elles sont dérangées par quelques intrus. Le phoque de Weddell est aussi très bruyant, principalement sous l'eau. Il y diffuse près de 34 types de sons différents, dans un large éventail d'appels variant du bourdonnement sourd aux trilles rythmés et aux sifflements. Sur terre, ce phoque antarctique émet parfois, gueule fermée, des vagissements ou des déglutitions.

Le morse est bruyant et il émet toute sorte de sons aussi étranges que des feulements ou des bruits de « gongs ».

Le morse est le plus bavard des pinnipèdes. Il émet une grande variété de vocalisations qu'il produit, entre autres, grâce à des sacs pharyngiens bien développés et à une langue à la forme particulière. Le morse feule, rugit, mugit, grogne, grommelle, éructe, blablate, siffle, roucoule, aboie et beugle, tant sous l'eau que dans l'air. Il produit également d'étranges bruits de gongs. Les otaries et lions de mer sont également très bruyants. Ils grognent, aboient, bêlent, feulent, beuglent, gémissent, soufflent et trompettent. Les otaries poussent des sortes d'aboiements, aussi bien sous l'eau que dans l'air. Sous l'eau, elles ne produisent pas de bulles lorsqu'elles aboient.

Ces sons produits par les pinnipèdes varient dans les deux fréquences : ils se situent par exemple entre 100 Hz et 12 kHz chez le phoque de Weddell ; entre 500 Hz et 164 kHz chez le phoque léopard ; entre 500 Hz et 6 kHz chez le phoque à capuchon, entre 200 Hz et 2,5 kHz chez l'éléphant de mer, entre 13 Hz et 550 Hz chez le morse, jusqu'à 2 kHz chez le lion de mer de Californie.

Plusieurs espèces de phoques émettent des clics ressemblant à ceux produits par les odontocètes lors de leur écholocation. On ne sait pas encore avec certitude si les pinnipèdes utilisent ces clics aux mêmes fins.

Bruyantes loutres de mer

Sur terre ou au-dessus de la surface, les loutres marines diffusent toute une panoplie de sons audibles. Elles émettent des gémissements, des grognements à intonation nasale, des couinements, des ricanements, des crachements, des glapissements, des caquètements et aussi des sifflements caractéristiques. Ces derniers sont utilisés comme cri de contact entre tous les animaux, tant jeunes qu'adultes. Les loutrons abusent de ces cris, qui permettent de les repérer jusqu'à plusieurs dizaines de mètres de distance. Stressées, les loutres émettent des soufflements pour mettre en garde les intrus. La fréquence de ces sons se situe entre 3 et 5 kHz. Sous l'eau, les loutres marines sont muettes, du moins, le paraissent.

Un monde de silence dans le cœur de l'ours blanc

Étant un animal essentiellement solitaire, comme la plupart des ursidés, l'ours blanc n'émet que rarement des sons et surtout lorsqu'il est dérangé et qu'il se sent en danger. Son répertoire sonore se limite à des grognements, des reniflements et des feulements. Il produit aussi quelques plaintes et des gémissements. Il pousse des grognements graves pour prévenir ses congénères ou les mettre en garde. Avant d'attaquer, il siffle et renâcle, rugit et grogne, tête baissée et oreilles rabattues. On dit aussi qu'un ours blanc en détresse émet des espèces de halètements. Les mères réprimandent leurs oursons par de faibles grondements et de doux halètements. En cas de danger, la mère pousse un jappement fort, suivi d'une plainte ou d'un geignement pour appeler ses petits. Apeurés, ces derniers « pleurent » comme des bébés.

Chez les ours blancs, le contact mère-ourson est souvent silencieux, toutefois il arrive que l'on entende de faibles grondements ou de doux halètements.

Une vie amphibie ou aquatique

Une vie amphibie ou aquatique

Février 2000, à Silver Bank, au nord de la République Dominicaine. À travers les eaux claires des Caraïbes, une ombre fantomatique glisse doucement sous la surface, vers le soleil couchant. Soudain, la mer se met à bouillonner : l'énorme masse fait surface et un terrible fracas déchire la tranquillité des lieux. Un geyser surgit et un arc-en-ciel se forme parmi les myriades de gouttelettes. Un dos puissant et massif roule vers l'avant, une petite nageoire dorsale apparaît, puis une queue spectaculaire s'élève majestueusement, au-dessus de l'eau. Une multitude de perles d'eau courent vers la marge de la queue et tombent, comme d'une fontaine. La queue se dresse à l'horizontale, s'enfonce dans les profondeurs. Un rorqual à bosse vient de faire surface pour respirer, à quelques mètres à l'avant de mon Zodiac.

On m'a souvent demandé pourquoi les baleines font surface si régulièrement. À cause de leur morphologie, certains associent les dauphins et autres rorquals à des poissons, oubliant que ces animaux sont des mammifères, ont des poumons et pratiquent une respiration aérienne. C'est également le cas pour les siréniens qui ont une vie à 100 % aquatique ainsi que – ce qui est une évidence car ils sont à moitié terrestres – les pinnipèdes, les loutres et les ours blancs.

Page précédente
Les yeux du phoque de Weddell sont relativement gros. Ils sont adaptés tant à la vision aérienne qu'à la vision sous-marine et, grâce à leur grande surface et au *tapetum lucidum*, sont fort utiles dans l'obscurité.

Au moment de sonder, le rorqual à bosse arque fortement le dos puis sort entièrement sa nageoire caudale au-dessus de la surface de la mer pour prendre son élan et plonger en profondeur.

Respirer en milieu aquatique

Obligés de faire surface

Chez les cétacés tout particulièrement, les narines se sont déplacées – au cours de l'évolution du museau (situé à l'avant de la tête chez les ancêtres quadrupèdes) – jusqu'au sommet de la tête (ou plutôt du melon), au-dessus des yeux. Cet emplacement si haut sur la partie céphalique leur facilite la respiration lorsqu'ils s'approchent de la surface pour renouveler leur oxygène. On imagine aisément que les ancêtres des dauphins et des baleines, il y a quelque 45 à 35 millions d'années, devaient sortir la tête hors de l'eau pour respirer. De nos jours, ils ne le font plus. Par ailleurs, les cétacés n'ont plus à respirer par leur bouche grâce à une ingéniosité de leur anatomie : le « bec de canard ».

Le « nez » (les narines des cétacés) est appelé « évent » : il est simple (un seul orifice) chez les odontocètes ou double (deux orifices) chez les mysticètes. Toutefois, dauphins et baleines n'ont qu'un seul conduit nasal. Chez les siréniens, le nez est situé bien haut sur le bout du museau. Il consiste en deux ouvertures qui se referment dès que l'animal termine sa ventilation et s'immerge. Chez les carnivores marins (pinnipèdes, loutres et ours blanc), le nez est localisé au bout du museau et se présente sous la forme d'une truffe (comme chez les chiens ou les chats).

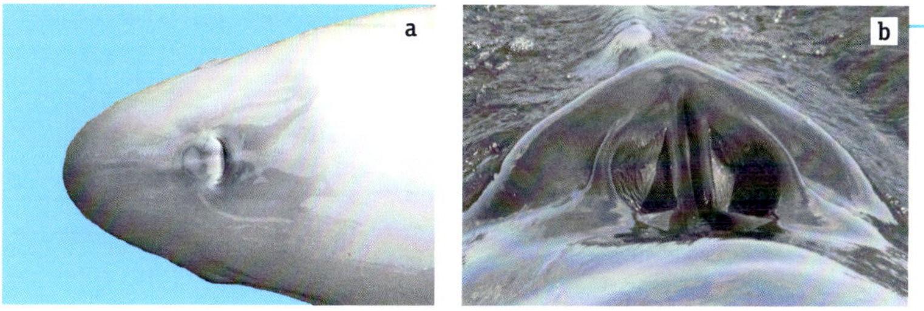

Évents chez les cétacés : (**a**) évent simple chez les odontocètes (jeune béluga) ; (**b**) évent double chez les mysticètes (rorqual à bosse).

Un larynx appelé « bec de canard »

Chez les cétacés, l'air suit le conduit nasal puis s'engouffre dans les poumons par l'intermédiaire d'un larynx très spécial. En effet, à l'intersection de la cavité buccale et du conduit nasal interne, les dauphins et baleines disposent d'un prolongement de la trachée, un larynx appelé « bec de canard » constitué d'un tube cartilagineux. Celui-ci traverse l'œsophage et se prolonge dans le conduit nasal interne. La fermeture du larynx est assurée par des lèvres formant une valve parfaitement étanche. Lorsque les cétacés s'alimentent, la nourriture passe donc autour du larynx et n'a aucune possibilité de contact avec la trachée. Grâce à ce dispositif, ils ne risquent jamais « d'avaler de travers ». En revanche, la parfaite séparation entre le système alimentaire et le système respiratoire les empêche de respirer par la bouche.

Souffles de rorquals communs. Visibles à plusieurs kilomètres, ils permettent aux observateurs de localiser les animaux.

Les mammifères marins sont capables de ventiler leurs poumons beaucoup plus efficacement que n'importe quel mammifère terrestre. Entre 85 et 90 % de l'air contenu dans les poumons des cétacés et des siréniens sont échangés (ou renouvelés) à chaque respiration. Chez les mammifères terrestres – notamment chez l'homme – cette part est de 15 % (55 % en respiration forcée).

L'évent des baleines et des dauphins est normalement fermé par de puissants muscles (souvent appelés « clapets ») reliés à des sortes de bouchons fibreux. Ces derniers s'insèrent dans les narines internes lorsque les muscles se relâchent. Plus les animaux s'enfoncent dans les profondeurs, et donc plus la pression hydrostatique est grande, plus hermétique sera cette fermeture. Durant la respiration, les cétacés contractent volontairement ces muscles pour extraire les bouchons fibreux des narines. Chez les cétacés à fanons, la contraction des muscles de l'évent forme un bourrelet en forme de V juste devant l'ouverture des narines.

Chez les pinnipèdes et les siréniens, il existe des muscles qui maintiennent les narines fermées. L'ouverture des narines est, chez ces mammifères aquatiques, également un acte volontaire pour permettre les échanges gazeux. Le diaphragme des pinnipèdes, des loutres et de l'ours blanc, est placé plus perpendiculairement, un peu comme celui des mammifères terrestres. Cela n'empêche pas la pression hydrostatique, cependant, de les écraser complètement pendant les plongées et de refouler le restant d'air qu'ils peuvent avoir dans la trachée et les bronches.

Chez les cétacés, chaque respiration se fait lors d'une série d'émersions (ou de ventilations). Une seule émersion n'étant pas suffisante pour la ventilation complète des poumons, les cétacés sont obligés de faire surface plusieurs fois de suite. Le nombre de ventilations, donc d'émersions, varie en fonction de l'espèce, de la durée de l'immersion précédente et de celle prévue par l'animal, mais aussi de l'effort et de l'état physique du cétacé. Le nombre de ventilations détermine donc la durée de l'apnée. Un grand dauphin fait une série de 4 à 6 ventilations puis plonge en moyenne entre 2 et 5 minutes. Un cachalot se ventile entre 30 et 50 fois, durant 30 à 40 minutes, et sonde jusqu'à 90 à 120 minutes.

Au cours d'une séquence normale, les cétacés font surface plusieurs fois de suite en émergeant en premier leur tête (rostre ou melon), puis soufflent et inhalent aussitôt. Leur dos apparaît en même temps que leur aileron dorsal au-dessus de la surface, durant quelques secondes, puis il s'arque plus ou moins fortement selon l'énergie dépensée et la vitesse de la nage, donnant parfois l'impression que ces animaux roulent à la surface. Souvent, à la dernière émersion, les cétacés arquent encore plus fortement le dos, avant de s'enfoncer vers les profondeurs océanes. On dit alors qu'ils « sondent ». Certaines espèces, comme le cachalot, le rorqual à bosse et les baleines franches, sortent le pédoncule caudal et la queue lorsqu'elles sondent. D'autres le font de temps en temps (rorqual bleu, béluga, narval, orques) et certaines autres ne le font que très rarement (marsouin commun, rorqual commun et petit rorqual).

L'ouverture de l'évent est très rapide et peut être décomposée en deux phases : expiration et inspiration. Durant l'expiration du gaz carbonique, l'évent n'est que partiellement ouvert et on distingue un nuage de « vapeur » appelé « souffle », s'échappant du sommet de la tête. Pendant l'inspiration, l'évent est totalement ouvert et le cétacé remplit ses poumons d'air oxygéné. Ce souffle est peu visible chez les petites espèces (marsouins, dauphins) alors qu'il peut être observé de loin chez les grandes (baleines, rorquals, cachalot). Il peut atteindre une hauteur de 3-4 m (baleine grise), 5 m (cachalot), 7 m (baleines franches), 8 m (rorqual commun), voire 12 m (rorqual bleu).

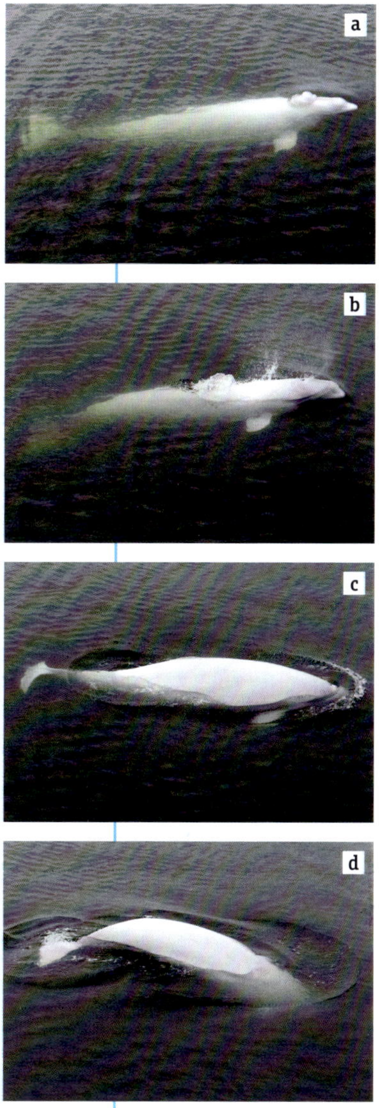

Séquence d'émersion et de ventilation chez le béluga. Au moment de faire surface (**a**), le cétacé rejette du gaz carbonique par l'évent (**b**), puis inhale (**c**) et sonde aussitôt (**d**).

Beaucoup d'observateurs pensent que ce souffle est composé d'eau provenant des poumons, ce qui est impossible pour un mammifère. En fait, ce souffle est, malgré les apparences, de l'air saturé de vapeur d'eau. Lorsque les dauphins et les baleines approchent de la surface, leur évent commence à s'ouvrir et éjecte l'air juste avant qu'ils n'émergent, ce qui donne l'impression que de l'eau est expulsée de l'évent. En revanche, chez les mysticètes, l'évent est situé au fond d'un bourrelet qui, indéniablement, contient de l'eau au moment où ces animaux font surface. Dès l'ouverture de l'évent, cette eau est éjectée en hauteur. Cette vapeur d'eau s'explique aussi par la différence de température entre le gaz carbonique provenant des poumons et l'air extérieur. Ce souffle peut également contenir une certaine quantité de gouttelettes d'huile qui proviendrait des voies respiratoires.

Font-ils dodo ?

Sur la terre ferme, il est facile de constater que les phoques, otaries, morses et éléphants de mer viennent sur les plages et les îlots rocheux pour se reposer et dormir. Après plusieurs journées passées en mer pour se nourrir, ces pinnipèdes viennent s'affaler sur les côtes pour dormir des jours entiers. Mais il arrive que phoques et otaries se reposent à la surface de la mer, loin des côtes. On sait même, grâce aux données obtenues par les balises de satellites, que les éléphants de mer dorment en plongeant. Les loutres marines et l'ours blanc, plus terrestres que les pinnipèdes, se reposent quant à eux toujours sur la terre ferme. Ce qui n'empêche pas la loutre de mer du Pacifique nord d'aimer particulièrement s'enrouler dans le kelp géant et dormir ainsi, à la surface de la mer. Les siréniens se laissent couler au fond des rivières, des fleuves et des lagons pour dormir à poings fermés.

On ne sait, par contre, pas grand-chose sur le sommeil des cétacés. Il n'est pas rare d'apercevoir des dauphins, des orques et des baleines rester immobiles durant quelques minutes à la surface de la mer, mais dorment-ils vraiment ? Le sommeil implique un relâchement total peu compatible avec le contrôle de l'enfoncement du corps sous la surface de l'eau et de l'ouverture/fermeture de l'évent. Les baleines franches, le rorqual à bosse et parfois le rorqual commun font alors comme le cachalot : ils se laissent flotter en surface durant de longues périodes, tel un billot de bois. D'où le terme de « billotage » donné à cette technique. Ces cétacés dorment si profondément qu'il est possible de les approcher sans les réveiller.

Et comment dorment-ils alors ? C'est encore une grande question qui n'a encore que peu d'éléments de réponse. Des études sur le sommeil chez les grands cétacés comme les mysticètes n'ont jamais été entreprises. En revanche, les biologistes russes ont étudié le sommeil chez le grand dauphin en captivité. Ces delphinidés ne dorment pas toujours à la surface mais somnolent très souvent quelques mètres au-dessous. Ils ne le font d'ailleurs que d'un œil, ou presque ! En effet, leurs deux hémisphères cérébraux sont actifs à tour de rôle afin d'assurer le contrôle du corps et de l'environnement : cela signifie qu'un hémisphère de cerveau somnole alors que l'autre reste éveillé. Suite à ces résultats, éthologistes et cétologistes se sont donc posé une question fondamentale : les cachalots, baleines franches et rorquals à bosse dormant profondément à la surface sommeillent-ils sur leurs deux hémisphères ou sur un seul ?

Le cachalot est l'un des apnéistes champions chez les mammifères. Il peut plonger à plus de 2 000 m de profondeur.

Des records de plongée

Ce sont les odontocètes qui détiennent les records de plongée chez les cétacés : certaines espèces, comme l'hyperoodon boréal, peuvent atteindre plus de 1 500 m de profondeur et rester 2 heures sous l'eau. Mais il s'agit ici de records, cela ne signifie pas que ces animaux plongent, automatiquement et à chaque fois, à ces profondeurs et aussi longtemps. Le dauphin commun à bec court fait régulièrement des plongées de 3 minutes et à 90 m de fond, mais parfois, il peut sonder 8 minutes jusqu'à 280 m de profondeur. Le grand dauphin, aux Bahamas, se nourrit entre 7 et 13 m de fond, mais on a enregistré des records de plongée de 13 minutes et des profondeurs de 300 à 500 m chez cette espèce dans d'autres parties du monde. Le dauphin tacheté pantropical plonge régulièrement entre 50 et 100 m de fond et ses apnées durent en moyenne entre 2 et 4 minutes. Cependant, il peut descendre jusqu'à 170 m de profondeur pendant le même laps de temps. Les espèces teutophages sont surtout pélagiques et descendent très profond pour trouver les céphalopodes dont elles se nourrissent.

Chez les delphinidés teutophages, les globicéphales par exemple sont capables de descendre jusqu'à 600 m de profondeur et de rester 15 minutes en immersion. Les ziphiidés détiennent aussi quelques records de plongée : 3 000 m de profondeur et 1 heure de plongée pour la bérardie boréale, 1 500 m (peut-être plus) et 2 heures d'apnée pour l'hyperoodon boréal, et 2 992 m de profondeur et 2 heures 44 minutes pour le ziphius. Le record est détenu par le cachalot. Des immersions de 60 à 90 minutes sont occasionnellement observées chez cette espèce, qui peut plonger jusqu'à 2 heures sous l'eau. Des suivis au sonar ont démontré que 99,9 % des plongées se faisaient à moins de 1 000 m de profondeur, 88,3 % à moins de 600 m et 77 % à moins de 500 m. Mais quelques individus ont été ainsi suivis jusqu'à 1 827 m et 2 250 m de profondeur. Certains spécialistes pensent que ce cétacé pourrait même plonger jusqu'à 3 500 m de profondeur ! Les quelques espèces de dauphins dulcicoles, vivant dans des eaux peu profondes, restent peu de temps sous l'eau et ne dépassent généralement pas quelques mètres sous la surface.

Le record d'apnée pour l'inie de l'Amazone est inférieur à 2 minutes. Ceux du plataniste du Gange et du dauphin du Yangtsé sont de 3 minutes.

Les mysticètes, baleines et rorquals sont loin d'être les champions de l'apnée et des prouesses de leurs cousins à dents – et dans quel intérêt d'ailleurs ! Leur nourriture se trouvant proche de la surface, ils n'ont guère besoin de plonger aussi profondément et aussi longtemps pour s'alimenter. Une baleine grise, par exemple, nage entre 5 et 15 m de profondeur et reste en moyenne 1 à 5 minutes en apnée. Le rorqual commun reste en immersion une dizaine de minutes et plonge entre 100 et 150 m de fond. Les records de plongée chez les mysticètes vont de 5 minutes pour la baleine pygmée à 80 minutes pour la baleine boréale, et les limites maximales de profondeurs vont de 20-50 m pour la baleine grise à 474 m pour le rorqual commun.

Les siréniens sont herbivores et vivent donc dans des eaux peu profondes (25 à 30 m pour le lamantin d'Amérique et 20 m pour le dugong). Les lamantins restent en moyenne en apnée entre 3 et 5 minutes et, lorsqu'ils se reposent sur le fond, leurs immersions peuvent atteindre 20 minutes. Les dugongs font des immersions de 2 à 4 minutes, et qui dans tous les cas n'excèdent pas 8 minutes.

Profondeurs et durées maximales des plongées chez certains mammifères marins (d'après Perrin *et al.*, 2002 ; Shirihai et Jarett, 2007 ; Sylvestre, 2017)

Famille	Espèce	Profondeur (en mètres)	Durée (en minutes)
Cétacés	Baleine boréale	200	80
	Baleine grise	50	25
	Rorqual commun	474	25
	Rorqual bleu	200	50
	Rorqual à bosse	150	40
	Narval	1 500	25
	Béluga	800	25
	Cachalot	2 250	120
	Ziphius	2 992	40
	Bérardie boréale	3 000	60
	Hyperoodon boréal	1 500	70
	Dauphin commun à bec court	280	8
	Dauphin bleu et blanc	700	10
	Fausse orque	500	20
	Orque	1 100	20
	Marsouin commun	220	12
Pinnipèdes	Phoque barbu	288	19
	Phoque commun	450	30
	Phoque du Baïkal	300	> 40
	Phoque de Weddell	750	20
	Éléphant de mer austral	2 200	160
	Lion de mer de Californie	536	12
Siréniens	Lamantin d'Amérique	30	24
	Dugong	20	8
Ursidés et mustélidés	Ours blanc	20	1,12
	Loutre de mer du Pacifique nord	100	4,5

Même si les pinnipèdes sont amphibies dans leurs mœurs, ces mammifères n'en sont pas moins de bons plongeurs. Le lion de mer de Californie, par exemple, reste généralement 4 minutes sous l'eau et descend régulièrement à 75 m de profondeur. Toutefois, il peut s'immerger jusqu'à 12 minutes et atteindre plus de 500 m de fond. Ce sont toutefois les phocidés qui battent tous les records

Le phoque du Baïkal figure parmi les pinnipèdes champions de l'apnée (300 m).

de plongée dans le groupe. On savait déjà que le phoque de Weddell pouvait plonger jusqu'à 90 minutes et atteindre des profondeurs de 500 à 750 m, et que les éléphants de mer restaient plus d'une heure sous l'eau et atteignaient plus de 1 500 m de profondeur.

Très récemment, quelques espèces de phoques ont été suivies grâce à des balises satellites collées sur leur fourrure. Les données recueillies durant ces investigations ont dépassé toutes les espérances. Des phoques à capuchon étudiés dans les eaux groenlandaises ont été suivis jusqu'à 1 650 m de profondeur avec des apnées d'une heure. Les éléphants de mer australs ont largement contribué à ce genre d'études et les résultats sont aussi étonnants. Peu à l'aise sur terre, ils sont agiles en mer et démontrent des aptitudes remarquables dans l'élément liquide. Ils passent 90 % de leur temps sous l'eau, effectuent entre 60 et 80 plongées par jour de 20 à 30 minutes chacune, et concentrent leurs plongées entre 400 et 800 m de profondeur en moyenne. Mais la plupart des individus étudiés peuvent descendre – aisément – bien plus profond : le record étant de 2 200 m de profondeur chez un mâle de Kerguelen.

Les loutres marines passent quotidiennement plusieurs heures dans l'eau à chercher et pêcher poissons et coquillages. Leurs immersions sont de courte durée : quelques dizaines de secondes. Elles ne plongent pas à de grandes profondeurs : seulement quelques dizaines de mètres. Alors que la loutre marine d'Amérique du Sud peut atteindre une cinquantaine de mètres de profondeur, celle du Pacifique nord peut rester jusqu'à 4 minutes sous l'eau et plonger jusqu'à 100 m. Quant à l'ours blanc, il n'est pas le champion des apnéistes chez les mammifères marins : il ne descend généralement guère au-delà des 6-8 m de fond, et si différents témoignages rapportent certains « extrêmes », il ne s'agit que d'aventures entre 15 et 20 m de profondeur. Ses records de plongée ne dépassent pas 2 minutes.

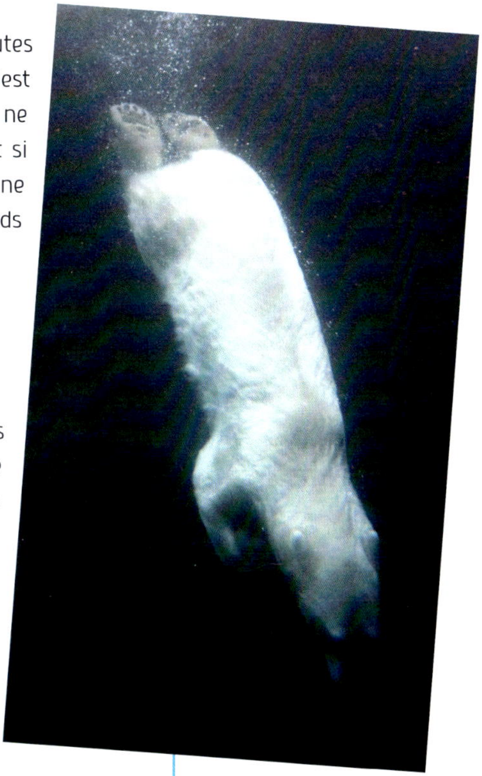

L'ours blanc est un bon nageur. Ses plongées, normalement autour de 5-8 m de profondeur, peuvent atteindre — à de rares occasions — 20 m sous la surface.

Le mécanisme de l'apnée chez les mammifères marins

La dernière chose que font avant de plonger les mammifères marins, notamment les cétacés, les siréniens et les pinnipèdes, ce n'est pas d'inspirer de l'air, mais d'expirer celui qui leur reste dans les poumons. Il y a à cela une raison évidente : s'alourdir pour descendre plus profondément en consommant moins d'énergie et donc moins d'oxygène. Il serait d'ailleurs néfaste pour ces animaux de stocker de l'air durant la plongée car celui-ci serait compressible. La pression hydrostatique augmente d'une atmosphère (1 kg/cm^2) tous les 10 m. Si un grand volume d'air se trouvait dans la cage thoracique, il se comprimerait de plus en plus tout au long de la descente, diminuant donc sans cesse de volume. Cette cage thoracique subirait alors des contraintes mécaniques difficiles à supporter. Chez les pinnipèdes par exemple, la cage thoracique est totalement flexible. Les côtes sont montées sur des cartilages et, sous l'effet de la pression, elles vont se replier sur la colonne vertébrale, en chassant l'air résiduel des poumons vers la trachée artère. Cette trachée artère est totalement imperméable aux échanges gazeux.

On trouve à peu près le même phénomène chez les cétacés. En effet, lorsqu'ils sondent et grâce à leur diaphragme, la pression hydrostatique qui s'exerce sur leur cage thoracique et leurs viscères écrase les poumons et provoque le collapsus (affaissement sous l'effet de la pression) total des alvéoles pulmonaires, chassant en quelque sorte l'air dans les conduits respiratoires où il ne se fait aucun échange entre l'air et le sang : donc aucun accident de décompression. Les poumons des mammifères marins sont ainsi relativement petits. Chez les cétacés, ils sont placés plus dorsalement que chez les mammifères terrestres, et le diaphragme – ce muscle tendineux qui les sépare de la cavité abdominale – est très oblique. Cette position des poumons et du diaphragme favorise l'équilibre des dauphins et des baleines dans l'eau et permet aux poumons de se vider presque complètement de leur air.

Nous avons vu précédemment que les cétacés renouvellent entre 80 et 90 % de l'oxygène de leurs poumons et que cet oxygène n'y reste pas. Il est véhiculé par le sang jusqu'aux muscles et aux organes vitaux comme le cerveau. Chez les cétacés, par exemple, 9 % de l'oxygène sont emmagasinés dans les poumons (contre 34 % chez les mammifères terrestres) ; 41 % vont dans le sang (identique pour les mammifères terrestres) ; 42 % dans les muscles (contre 13 %) et 8 % dans les autres tissus (12 % pour les mammifères terrestres).

Dès que ce dauphin tacheté a renouvelé 80 % de son oxygène, il sonde et plonge à plusieurs dizaines de mètres sous la surface.

Cétacés et pinnipèdes emportent donc une quantité minime d'air dans leurs poumons et, en même temps, augmentent leurs réserves d'oxygène dans leurs muscles – ce qui se traduit par la couleur très foncée de leur sang devenu riche en hémoglobine (musculaire) ou myoglobine. D'autre part, l'hématocrite (pourcentage de globules rouges servant à transporter l'oxygène dans le sang/volume sanguin total) est plus grand chez les mammifères aquatiques, tout particulièrement chez les pinnipèdes. Les globules rouges sont aussi plus gros, contenant plus d'hémoglobine. Les mammifères marins ont également un rapport volume sanguin/masse corporelle deux à trois fois plus élevé que chez les mammifères terrestres.

Enfin, ces animaux ont un mécanisme mal connu qui consiste à répartir la masse sanguine d'une façon particulière pendant les immersions. Le cerveau, la moelle épinière et le myocarde (partie musclée du cœur) ne peuvent accumuler de dette en oxygène. On pense qu'il existe chez les cétacés et les pinnipèdes des moyens de concentrer la circulation du sang dans le système nerveux central et le cœur, laissant les muscles et les viscères se débrouiller avec leurs provisions (myoglobine oxygénée). Le rythme cardiaque des mammifères marins change complètement entre un déplacement en surface et une plongée. Dès que la tête est sous l'eau, le rythme cardiaque ralentit. Chez un dauphin, le battement cardiaque est de 60 à 100 pulsations par minute en surface alors qu'il est de 12 à 30 par minute en plongée. Ce phénomène s'appelle la bradycardie. Certaines artères se contractent, ce qui maintient la pression artérielle constante et privilégie la consommation d'oxygène des organes vitaux (rétines, cerveau et moelle épinière). Les glandes surrénales et le placenta des femelles gestantes sont irrigués normalement. Les autres organes comme les reins ne fonctionnent plus ou sont au ralenti.

Phoque commun à la surface, en train de s'oxygéner.

Territoires et déplacements des mammifères marins

Ces deux jeunes éléphants de mer mâles exercent leur combativité en s'amusant. Une fois devenus des individus reproducteurs, ils défendront agressivement leur harem, donc leur territoire.

Une aire de répartition mondiale

Les mammifères aquatiques occupent toutes les mers (même les plus fermées comme la mer Caspienne) et évoluent dans tous les océans. Certaines espèces nagent dans des fleuves et évoluent dans certains lacs. Tous les continents accueillent ces mammifères, de l'Arctique à l'Antarctique, des Amériques à l'Océanie en passant par l'Afrique et l'Eurasie. Ils sont aussi bien côtiers que pélagiques, vivent aussi bien dans des eaux peu profondes que dans celles où les fonds dépassent l'imagination. Ils évoluent également dans les eaux extrêmement froides des régions australes et boréales (2 °C) et celles tropicales (jusqu'à 35 °C).

Certaines espèces sont endémiques à certains secteurs de la planète. Une espèce de phoque, par exemple, est complètement isolée dans la mer Caspienne, une mer fermée d'Eurasie. Dans les secteurs polaires, les phoques léopard, de Weddell, crabier et de Ross ne fréquentent que les eaux gelées de l'Antarctique, alors que les phoques du Groenland, à capuchon, à ruban, barbu et le morse sont répartis autour du cercle arctique. Chez les cétacés, certaines populations d'orques (écotypes B, C et D) sont endémiques à l'océan Austral et dans l'Arctique ; la baleine boréale, le narval et le béluga ne côtoient que les eaux polaires du Canada, de l'Alaska et de la Russie.

Mais les régions tempérées et tropicales ne sont pas dépourvues de mammifères aquatiques endémiques. Les quatre espèces de céphalorhynques sont localisées chacune dans une région bien déterminée : le céphalorhynque de Commerson vit le long des côtes atlantiques de l'Amérique du Sud et des Malouines ainsi qu'aux îles Kerguelen ; le céphalorhynque noir est inféodé à la côte pacifique sud-américaine ; le céphalorhynque de Heaviside, à la côte atlantique de l'Afrique australe ; et enfin, le céphalorhynque d'Hector est essentiellement une espèce néo-zélandaise. Chez les pinnipèdes, les phoques sont loin d'être des espèces associées à des régions froides. Ainsi, les trois espèces de phoques moines vivent chacune dans des habitats tropicaux ou tempérés. Certaines otaries sont également inféodées à des îles ou régions subtropicales (Galápagos, Juan Fernández, Basse-Californie).

Des mammifères aquatiques d'eau douce

Sur les 133 espèces de mammifères aquatiques répertoriées dans le monde, sept seulement (5,26 %) sont des espèces uniquement dulcicoles : cinq sont des cétacés, une est un pinnipède et une autre un sirénien. Ces animaux sont endémiques et très isolés dans leur répartition géographique. Les cétacés fluviaux sont essentiellement des dauphins vivant dans les principaux fleuves asiatiques et sud-américains. En Asie, le plataniste est inféodé au Gange et à l'Indus ainsi qu'à leurs affluents en Inde, au Pakistan et au Bengladesh. Le dauphin du Yangtsé est (ou était) une espèce endémique au principal fleuve chinois. L'orcelle de l'Irrawaddy fréquente le fleuve en question en Birmanie et le Mékong au Vietnam, au Cambodge et au Laos. Elle fréquente également les eaux saumâtres et côtières des estuaires en Indochine.

En Amérique du Sud, l'inie côtoie les deux grands fleuves, à savoir l'Amazone et l'Orénoque (ainsi que leurs affluents au Venezuela, Brésil, Colombie, Équateur, Pérou et Bolivie). La plupart des siréniens vivent à la fois dans les eaux salées et douces (lamantin d'Amérique et lamantin africain), mais l'un d'entre eux (lamantin d'Amazonie) est dulcicole et ne fréquente que le bassin amazonien et ses lacs adjacents, au Brésil, en Colombie, en Équateur et au Pérou. Chez les pinnipèdes, le phoque du Baïkal est entièrement isolé dans le grand lac sibérien. Toutes ces espèces dulcicoles, par leur isolement et leur faible nombre, sont sur la liste des espèces en danger. Déjà, l'une d'entre elles est officiellement reconnue, depuis 2006, comme espèce éteinte : le dauphin du Yangtsé.

Il arrive cependant que certaines espèces marines s'aventurent dans des fleuves et rivières, et parfois, remontent loin, jusque dans des lacs. On a à plusieurs reprises observé le phoque commun évoluer dans des rivières européennes et nord-américaines et nager dans des lacs (en Finlande et au Canada/États-Unis). En outre, en 1938, des biologistes étasuniens, puis canadiens, ont découvert une nouvelle population endémique de phoques communs dulcicoles dans un lac du Nunavik, au nord du Québec. Il s'agirait d'une sous-espèce (*Phoca vitulina mellonae*) complètement isolée des autres populations canadiennes dans ce lac qui porte aujourd'hui leur nom : le lac des Loups marins. Chez les cétacés, les grands dauphins s'aventurent dans les estuaires et font des incursions dans les rivières. L'espèce cétacéenne qui s'aventure le plus loin dans les rivières reste le béluga. En 1966, un individu a été observé dans le Rhin à 400 km de l'embouchure. Et dans le fleuve Yukon en Alaska, c'en est un autre qui a été rencontré à 1 100 km de l'embouchure.

Certains dauphins sont endémiques à l'environnement dulcicole, à l'instar du dauphin du Yangtsé (Chine), aujourd'hui disparu.

Les siréniens vivent dans les eaux chaudes et peu profondes et sont, pour la plupart, endémiques, surtout les lamantins. Ainsi, une espèce de lamantin fréquente le sud-est des États-Unis et les Caraïbes ; une autre vit dans l'Amazone, et une autre encore le long des côtes atlantiques africaines, pénétrant dans les principaux fleuves africains entre la Mauritanie et l'Angola. Quant au dugong, c'est la seule espèce sirénienne ayant une distribution géographique élargie : côtière dans l'Indopacifique, entre l'Afrique du Sud, l'Australie et le sud du Japon. La rhytine de Steller était le seul sirénien à vivre dans les eaux froides (dans le Pacifique nord). Les loutres marines ont des aires de distribution diamétralement opposées : l'une fréquente les eaux côtières du Pacifique nord, des Kouriles à la Californie, en passant par les Aléoutiennes, et l'autre évolue le long des côtes pacifiques sud-américaines, du sud du Pérou jusqu'à la Terre de Feu en Argentine. Enfin, l'ours blanc est uniquement arctique et subarctique, et fréquente le littoral des régions polaires de l'Amérique, de l'Europe et de l'Asie ainsi que la toundra, la banquise et les glaces flottantes en haute mer.

Le lamantin africain est un mammifère marin des eaux tropicales.

Comme on le voit, les pinnipèdes, les siréniens et les autres carnivores marins présentent surtout une distribution plus ou moins endémique, sinon largement répartie sur un secteur bien défini. Par exemple encore, chaque espèce d'otarie ne vit que dans un secteur donné. L'otarie à fourrure antarctique ne fréquente que les eaux de l'océan Austral et le lion de mer de Steller est inféodé aux eaux froides du Pacifique nord. Parmi tous les mammifères marins, il n'y a que chez les cétacés que nous trouvons des espèces cosmopolites.

Le grand dauphin, l'orque et le rorqual commun sont les espèces les plus communes à fréquenter tous les océans et mers du monde. Ces espèces sont si communes que l'on identifie au sein de chacune d'elles des sous-populations parfois indépendantes les unes des autres. Ces sous-populations sont différentes non seulement au niveau des comportements, mais aussi dans leur génétique et, parfois, leurs dialectes. Chez les rorquals (rorqual bleu, rorqual commun), on distingue, anatomiquement et génétiquement, deux stocks indépendants vivant chacun dans un hémisphère (austral et boréal) de la planète. Les espèces migratrices (orques, rorquals, baleines franches) fréquentent – au cours de leur migration – différents environnements marins qui sont à l'opposé. Ainsi, on peut voir des rorquals à bosse dans les eaux lagunaires à plus de 30 °C en hiver, puis, quatre mois plus tard, les mêmes individus dans des eaux polaires où la température ne dépasse pas les 2 °C.

Au sein d'une seule espèce, on peut aussi constater deux populations différentes et indépendantes représentant des environnements opposés. Ainsi, il existe chez le grand dauphin et l'orque des populations côtières et d'autres complètement pélagiques. Enfin, toujours chez les cétacés, certaines espèces sont purement pélagiques ou côtières. Chez les pélagiques, il s'agit d'animaux se nourrissant en profondeur et surtout teutophages : les ziphiidés, le cachalot et les globicéphales. Chez les côtières, ce sont des dauphins (céphalorhynques, dauphins tachetés, dauphin de la Plata), voire certains mysticètes (petit rorqual, baleine franche, rorqual à bosse), qui préfèrent se nourrir sur des bancs de poissons le long des côtes.

Les grandes migrations des cétacés

La plupart des cétacés se déplacent énormément au cours de leur vie. Leurs déplacements sont soit de moyenne portée et peuvent donc être locaux ou régionaux (surtout pour les odontocètes comme les dauphins, les orques ou les bélugas), soit de longue portée (c'est le cas surtout de la plupart des mysticètes). Quels que soient les hémisphères, la vie des rorquals et des baleines est organisée autour de deux thèmes : l'alimentation et la reproduction. À ces deux occupations correspondent deux saisons : l'été pour l'alimentation et l'hiver pour la reproduction. Étant donné que les saisons sont inversées entre les deux hémisphères (alors que dans le Nord, c'est l'hiver, dans le Sud, c'est l'été, et *vice versa*), à aucun moment les deux stocks au sein d'une même espèce, correspondant aux populations de chaque hémisphère, ne se rencontrent. D'ailleurs, nous avons constaté quelques différences dans la taille (les animaux de l'hémisphère sud sont un peu plus grands que ceux du nord), l'anatomie et aussi la génétique entre ces deux populations, tant chez le rorqual commun que chez le rorqual bleu.

Le souffle de ce mégaptère met en lumière un goéland dominicain qui profite du repas de la baleine pour picorer quelques restes de krill.

Les mysticètes sont donc de grands voyageurs qui passent plusieurs mois de l'année à se déplacer. Ainsi, tout au long de l'année, les baleines et les rorquals migrent entre le Nord et le Sud, entre les eaux polaires ou subpolaires et les eaux tropicales ou subtropicales. Ils s'alimentent entre la fin du printemps et le début de l'automne dans les eaux froides et riches en nourriture (c'est la saison dite d'alimentation), et se reproduisent en hiver dans les eaux tempérées, subtropicales et tropicales (c'est la saison de reproduction). En effet, en été, les eaux froides chargées en oxygène sont prolifiques et donc intéressantes pour satisfaire leur appétit gargantuesque. Par contre, dans les eaux tempérées et chaudes – plus pauvres en oxygène que les eaux polaires – la nourriture est plus rare, ou du moins insuffisante pour leurs besoins. S'ils se regroupent en hiver dans ces eaux plus chaudes, c'est pour s'accoupler ou mettre bas dans les eaux lagunaires, vivant alors sur leurs réserves de graisse accumulées durant la saison estivale.

Les plus longues migrations chez les mammifères

Le rorqual à bosse et la baleine grise détiennent les records des plus longs trajets migratoires chez les mammifères. Il existe plusieurs populations (ou stocks) de rorquals à bosse, indépendantes les unes des autres et effectuant un circuit migratoire qui leur est propre. La plus longue migration est réalisée par le stock du Pacifique sud-est. Chaque année, ces baleinoptères effectuent un trajet de près de 16 600 km aller-retour entre les côtes sud-américaines du Costa Rica, du Panama et de la Colombie, et les eaux froides et côtières de la péninsule Antarctique. Le record pour cette espèce a été obtenu en septembre 2001 par une femelle du stock brésilien qui a été observée et photographiée dans les eaux côtières de Madagascar, soit 9 800 km plus loin.

On connaît aujourd'hui deux populations de baleines grises dans le monde : l'une inféodée au Pacifique nord-est (la plus nombreuse) et une autre, la plus menacée d'extinction, vivant dans les eaux côtières asiatiques du Pacifique nord-ouest, entre les Kouriles et la Corée (il en existait même une troisième, qui a disparu depuis la fin du XVIIIe siècle et vivait dans l'Atlantique nord-est). Les individus du Pacifique nord-est font, chaque année, entre 16 000 et 20 000 km de trajet aller-retour entre la mer de Beaufort/détroit de Béring et la Basse-Californie (Mexique).

Cependant, ces dernières années, d'insolites baleines grises ont été aperçues dans des lieux très éloignés de leur trajet migratoire. En mai 2010, une baleine grise a été photographiée en Méditerranée orientale, près des côtes israéliennes. En mai 2013, une autre baleine grise a été rencontrée encore beaucoup plus loin, dans l'Atlantique sud-est, en Namibie. Il s'agit très certainement de deux individus du stock nord-américain du Pacifique et qui, dans ce cas, auraient effectué les plus longs déplacements connus chez un mammifère.

Mais les mysticètes ne font pas tous de grands déplacements dans leur migration. Ainsi, la baleine boréale ne quitte pas les eaux arctiques et le rorqual de Bryde reste à longueur d'année dans les eaux chaudes tropicales. Il arrive aussi, au sein d'une espèce migratrice, que certains individus ne partent pas sur les sites de reproduction hivernaux – pour une raison ou pour une autre – et restent dans les régions polaires (ou proches, en fonction de l'avancée des glaces), là où se trouve la nourriture. C'est le cas de certains petits rorquals, de rorquals communs, de rorquals à bosse et de rorquals bleus dans le golfe du Saint-Laurent (Québec) ou dans l'Atlantique nord, ou de la baleine grise en Alaska et dans les eaux canadiennes de la Colombie-Britannique.

Si nous avons une idée du trajet migratoire de la baleine grise, du rorqual à bosse et des baleines franches, parce que ce sont des espèces côtières et donc visibles à longueur d'année sur les sites estivaux et hivernaux, nous ne connaissons toujours pas les régions où se reproduisent le petit rorqual, le rorqual commun et le rorqual bleu. Les raisons de cette méconnaissance sont simples : ces espèces sont pélagiques en hiver et se reproduisent, certes dans des courants chauds, mais certainement peu fréquentés par les navires durant cette « morte » saison !

Des déplacements en fonction de la température de l'eau

Les siréniens adorent l'eau chaude. Dès qu'un écart de quelques degrés (dans l'eau comme dans l'air) se fait sentir, les lamantins quittent le site pour aller se nourrir ailleurs. Dans l'Amazone et les systèmes fluviaux africains, la température de l'eau est constante et leurs déplacements ne semblent pas aussi marqués qu'en Floride. Les lamantins nord-américains sont en effet des animaux sensibles… au froid ! Ils ne vivent que dans des eaux au-delà des 20 °C. En dessous de 15-20 °C, c'est quasiment la pneumonie assurée ! Alors qu'en été, les lamantins nord-américains se répartissent dans les eaux côtières du golfe du Mexique et de l'océan Atlantique jusqu'en Caroline du Sud, en hiver, ils se regroupent, rentrent dans les rivières et se reposent dans les eaux cristallines des sources (*Springs*) de Floride. Là, les eaux gardent toute l'année une température constante de 22 °C.

Si les déplacements du lamantin nord-américain sont courts, certains individus peuvent en effectuer de plus longs : on a ainsi observé un individu qui avait parcouru 850 km dans l'année… mais c'est exceptionnel ! Les dugongs, ayant une distribution plus étendue que les lamantins, sont plus enclins aux longs déplacements. En Australie, les zoologistes ont posé des radios-émetteurs satellites sur certains individus. L'un d'entre eux a parcouru les 200 km séparant deux baies, au moins trois fois en neuf semaines. Un autre dugong a été observé au sud de Sydney, à 700 km de l'aire de distribution habituelle de cette espèce en Australie.

Les grands trajets des pinnipèdes

Comme nous l'avons vu plus haut, les phoques et les otaries sont plus endémiques que les cétacés, et la plupart ne font que des déplacements locaux. Toutefois, quelques espèces migrent pour différentes raisons : se reproduire, s'isoler et/ou se nourrir. Dans l'Arctique, phoques du Groenland et phoques à capuchon suivent l'avancée et le recul des glaces pour migrer. En été, ils sont dans les régions arctiques de l'Amérique du Nord et de l'Europe puis, quand vient l'hiver, ils descendent en dessous des zones subarctiques pour se reproduire. Dans l'est du Canada, les côtes du Labrador, de Terre-Neuve, du Québec et des Provinces maritimes sont occupées par les phoques gris et les phoques communs. Dès l'arrivée de la période froide (hiver), ces pinnipèdes se déplacent de plusieurs centaines de kilomètres vers l'est ou le sud, laissant la place aux phoques du Groenland et aux phoques à capuchon.

D'ailleurs, le phoque à capuchon détient quelques records dans les longs déplacements. Une population de ce pinnipède fait, chaque année, une migration entre (en été) le détroit du Danemark (sud-est des côtes du Groenland) et le golfe du Saint-Laurent au Québec (en hiver) : soit 3 250 km aller-retour. Exceptionnellement dans le Pacifique, une femelle phoque à capuchon a été trouvée en juillet 1990 à San Diego en Californie. Elle aurait parcouru près de 13 000 km entre le Nunavut (Canada)/Groenland et les côtes californiennes en passant par le passage du Nord-Ouest, l'Alaska, le détroit de Béring et les côtes canadiennes de la Colombie-Britannique. C'est un record chez les pinnipèdes.

Groupe de phoques du Groenland mâles sur une plaque de glace dans l'estuaire maritime du Saint-Laurent (Rimouski, Québec). Dès la formation de la banquise dans le golfe du Saint-Laurent, les phoques du Groenland descendent des eaux arctiques pour se reproduire.

Femelle et jeunes morses en mer de Beaufort.

Toujours dans le cercle arctique, les morses du Pacifique observent une ségrégation saisonnière des sexes. En hiver, les mâles matures forment des harems au nord du détroit de Béring/mer des Tchouktches/mer de Beaufort avec deux ou trois femelles et s'y reproduisent. Lorsque le printemps arrive, les mâles quittent les femelles et descendent vers les sites nourriciers, soit dans la baie de Bristol (en Alaska) ou jusqu'aux îles Diomède et au Kamtchatka (Sibérie). Les femelles, quant à elles, remontent avec les immatures dans la mer de Beaufort et la mer des Tchouktches, à la limite de la banquise. Mâles et femelles se rejoignent ensuite en automne dans le détroit de Béring puis se dirigent ensemble vers les sites hivernaux de reproduction.

Dans l'océan austral, les otaries à fourrure antarctiques immatures et les mâles « célibataires », faute de place sur le site de reproduction de la Géorgie du Sud, parcourent plus de 1 000 km au printemps pour se réfugier dans l'archipel des Shetland du Sud ou dans la péninsule Antarctique. Ils en profitent aussi pour se nourrir de krill, très abondant dans les eaux de la convergence antarctique. Dans le Pacifique nord, les otaries à fourrure septentrionales passent l'été sur leurs sites de reproduction en Alaska (île de Pribilof) et descendent en automne dans les eaux californiennes pour y passer l'hiver. Elles parcourent chaque année près de 10 000 km aller-retour.

Depuis plus d'une dizaine d'années, les éléphants de mer australs ont fait l'objet de suivis grâce à plus d'une centaine de balises satellites posées à l'arrière de leur tête. Les résultats sont étonnants. L'éléphant de mer est probablement le plus pélagique des pinnipèdes car il passe plus de 90 % de sa vie en haute mer. Il effectue dans l'année plusieurs milliers de kilomètres au large de ses lieux de reproduction. Quatre populations ont été identifiées : Kerguelen, Géorgie du Sud, Macquarie et péninsule Antarctique. L'ensemble de cette population d'éléphants de mer australs occupe un vaste domaine océanique pour se nourrir à de grandes profondeurs.

En hiver, les ours blancs se gavent de phoques, mais, au cours de l'été, la nourriture se raréfiant, ils deviennent dangereux pour les humains.

L'été dans l'eau, l'hiver sur la banquise

L'ours blanc ne migre pas mais il effectue des déplacements locaux selon les saisons. En été, il se promène dans la toundra à la recherche de nourriture (cadavres d'animaux, sites de nidification, etc.) et attend la formation de la banquise automnale. Durant ses déplacements estivaux, il longe les côtes, va d'île en île et est capable de nager durant de longs moments. C'est réellement un nageur efficace. Sa graisse et sa fourrure lui confèrent une bonne flottabilité, et il se maintient en surface sans effort. Il se propulse en nageant comme un chien à l'aide de ses pattes antérieures semi-palmées, les pattes postérieures ne servant généralement que de gouvernail.

Durant ses investigations aquatiques, cet ursidé infatigable peut parcourir de grandes distances. On en a vu à plus d'une centaine de kilomètres de la côte (et même à 300 km). Il est capable de parcourir une soixantaine de kilomètres dans l'eau sans se reposer, à la vitesse de 10 km/h. Toutefois, dans l'eau, l'ours blanc consomme beaucoup d'énergie et les traversées au long cours sont probablement peu fréquentes. En hiver, les ours blancs mâles quittent la toundra enneigée et partent chasser le phoque sur la banquise. Avec le réchauffement planétaire, celle-ci tarde à se former et s'amincit, ce qui pose un sérieux problème pour leur survie.

Naître sur terre ou sous l'eau

Naître sur terre ou sous l'eau

Mars 2002, Silver Spring, ouest de la Floride. Dans cette eau verte et peu profonde, la visibilité est réduite. Sous l'eau, j'entends les lamantins brouter sur une forêt de plantes sous-marines. Les bruits s'intensifient au fur et à mesure de mon approche. Soudain, j'aperçois devant moi une ombre corpulente qui se meut paisiblement dans ma direction. C'est un immense lamantin d'une tonne. L'animal s'approche, ses traits se précisent. Le corps est massif, pourvu de palettes natatoires et d'une queue plate. Sur son dos, un autre individu se laisse porter. C'est une femelle et son jeune. Le couple s'approche de moi et le petit se colle à mes bras. Il pose son museau sur ma poitrine. Je suis adopté par le bébé lamantin. Après ces présentations, la mère nous quitte et me laisse son petit. Je vais passer quatre heures à jouer, bercer, caresser un jeune lamantin d'Amérique. Ces moments, je ne les oublierai jamais de toute ma vie.

Cette confiance manifestée par les lamantins me donne à penser que les comportements des mammifères marins sont proches de ceux des mammifères terrestres. Et, comme nous, ce sont des mammifères placentaires vivipares à fécondation interne.

Page précédente
Couple de lagénorhynques du Pacifique (*Lagenorhynchus obliquidens*) évoluant dans les eaux japonaises de la péninsule de Wakayama. Les dauphins sont des animaux sociaux qui s'adonnent à plusieurs activités. Les relations sexuelles entre individus sont assez importantes chez la majorité des espèces de dauphins.

La sexualité des mammifères marins

Reconnaître les sexes par les signes extérieurs

À première vue, il est parfois difficile de différencier les sexes chez la plupart des espèces. C'est particulièrement le cas chez les siréniens, l'ours blanc et les loutres. Chez les cétacés, certaines espèces montrent des dimorphismes sexuels secondaires bien visibles ou parfois peu distincts. L'orque est le plus démonstratif dans les différences morphologiques. Les mâles adultes sont légèrement plus grands que les femelles (9-10 m pour les mâles et 7-8 m pour les femelles), leur corps est plus robuste avec des nageoires pectorales plus imposantes et plus grandes et une dorsale droite et haute, tandis que la dorsale des femelles adultes est deux fois moins élevée et falciforme (recourbée vers l'arrière). On constate d'ailleurs un dimorphisme morphologique similaire chez un phocoénidé : le marsouin à lunettes, chez qui le mâle possède une nageoire dorsale large à la base, haute et très arrondie, alors que la femelle présente un aileron plus petit et surtout triangulaire. Chez d'autres espèces, la pigmentation corporelle est complètement différente entre mâle et femelle : c'est le cas de certains ziphiidés comme les mésoplodons (mésoplodons d'Andrew, pygmée, de Gray, etc.). Toujours chez les ziphiidés, la taille et la morphologie diffèrent également entre les deux sexes (hyperoodons, mésoplodons).

Chez les orques, les sexes se différencient grâce à la nageoire dorsale. Celle du mâle (au premier plan) est haute et droite, alors que celle de la femelle (en arrière-plan) est basse et falciforme. L'individu au milieu est un jeune.

La présence de dents visibles fait aussi la différence entre les mâles adultes (chez qui ces dents dépassent d'une mâchoire) et les femelles (dont les dents sont dans la bouche ou sous la gencive). Là aussi, les ziphiidés sont représentatifs. Chez le narval, les mâles subadultes et adultes se différencient des femelles par la présence d'une longue dent qui pousse et sort de l'extrémité de la mâchoire supérieure. Toutefois, chez cette espèce, il arrive que certains mâles aient deux défenses et que quelques femelles exhibent elles aussi cette dent énigmatique transformée en défense. Certains détails minimes font parfois la différence entre les deux sexes. C'est le cas notamment chez le cachalot, les Japonais ayant constaté que les mâles ont une crête dorsale plus prononcée.

Chez les pinnipèdes, toutes les espèces montrent des dimorphismes sexuels secondaires. Cette différence entre les deux sexes réside souvent dans la taille et la morphologie corporelle : les mâles sont plus gros, plus imposants et nettement agressifs. C'est le cas des éléphants de mer, du phoque à capuchon ainsi que de la plupart des lions de mer et des otaries à fourrure. Chez les otaries, les femelles sont deux à trois fois moins lourdes que les mâles adultes. Chez les éléphants de mer, cette différence peut être de cinq à six fois moindre pour les femelles adultes. À l'inverse, chez les phoques antarctiques, les femelles sont un peu plus grandes que les mâles : c'est surtout le cas chez le phoque léopard et le phoque de Weddell. Chez les otariidés, elles sont plus fines, plus sveltes et plus calmes dans leurs comportements. Les mâles éléphants de mer et phoques à capuchon se distinguent également par la présence d'un proboscis (renflement du nez) très développé durant la période de reproduction. Chez l'éléphant de mer, cet appendice nasal proéminent est érectile et se gonfle lorsque l'animal exprime de l'agressivité. Cette « trompe » apparaît chez les jeunes mâles lorsqu'ils sont âgés de 3 ans et commence à être vraiment de grande taille chez les mâles reproducteurs de 8 ans. Enfin, chez la plupart des phocidés, la pigmentation corporelle marque la différence entre les deux sexes, les mâles étant plus foncés (phoque gris) et plus colorés (phoque à capuchon) que les femelles.

Le mâle éléphant de mer (ici, l'espèce australe) se distingue non seulement par sa plus grande taille, mais aussi par son nez en forme de trompe.

Chez le phoque du Groenland, le mâle se distingue surtout par une large bande noire sur le milieu du dos plus prononcée que chez les femelles. Mais il arrive aussi que les dimorphismes sexuels secondaires chez les pinnipèdes soient très discrets. C'est le cas chez les morses où les défenses des femelles sont plus courbées et ont une section plus ronde. Chez les loutres marines, notamment celles du Pacifique nord, on distingue les deux sexes seulement durant la saison de reproduction : le nez des femelles est alors marqué par des traces de morsures, souvent violentes, faites par les mâles durant l'accouplement.

Sexes internes

Chez les espèces cétacéennes, ainsi que chez les pinnipèdes et les siréniens ne présentant aucun dimorphisme sexuel secondaire, la différenciation entre les deux sexes est parfois difficile à faire sur des animaux vivants, en pleine activité ou lorsqu'ils font surface pour respirer, sauf si l'individu est accompagné par un jeune. Mais sur un animal mort ou échoué, il suffit de regarder sa face ventrale pour faire la différence. Chez la femelle, l'orifice génital est très

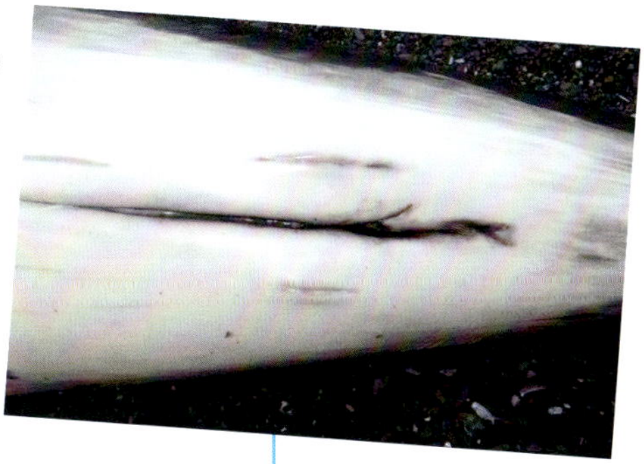

rapproché de l'orifice anal, tandis qu'il est éloigné chez le mâle. En outre, chez les cétacés et les pinnipèdes, les deux orifices mammaires entourent chacun l'orifice génital chez la femelle. Mâle et femelle chez les cétacés, les pinnipèdes et les siréniens ont un sexe interne.

Le pénis est maintenu à l'intérieur du corps, rétracté dans une gaine (il est courbé en forme de S chez les cétacés, constitué de tissus élastiques et fixé indirectement au vestige du bassin par des muscles). Durant l'érection, il sort de sa gaine et s'étend rapidement, grâce à son élasticité, en dehors du corps. Malgré certaines rumeurs, le sexe des cétacés mysticètes ne mesure que le dixième de la taille corporelle. Celui d'un rorqual bleu ne dépasse pas 3 m de long pour un diamètre de 25 à 30 cm. En revanche, les cétacés détiennent le record de taille des testicules. Ceux-ci représentent entre 4 et 5 % de la masse corporelle durant la saison de reproduction. Ils atteignent 80 cm et 45 kg chez un rorqual bleu adulte et 2 m pour une tonne chez la baleine franche noire. Chez les cétacés, les testicules sont plaqués sur la paroi dorsale tandis que chez les phocidés, ils sont juste sous la graisse, de chaque côté du pénis, et dans un scrotum chez les otariidés. Le pénis des pinnipèdes et des autres carnivores marins (ours blanc) contient un *baculum*, ou os pénien, ce qui n'est pas le cas chez les cétacés et les siréniens.

Face ventrale d'une femelle de marsouin commun. Au centre, on peut voir l'orifice génital et, de chaque côté, un orifice mammaire.

Le vagin des cétacés, des pinnipèdes et des siréniens est fermé par des replis de peau assurant son étanchéité. Chez les siréniens, les mamelles, au nombre de deux, ne se localisent pas autour de l'orifice génital (comme c'est le cas chez les cétacés et les pinnipèdes) mais se trouvent, chacune, près de la base, et un petit peu en arrière, de la nageoire antérieure.

Le sexe des cétacés est interne. Lors de l'accouplement (ici, un inie de l'Amazone), le pénis sort de l'orifice génital.

Les jeux de l'amour chez les cétacés et les siréniens

La vie des odontocètes, notamment celle des dauphins, peut être qualifiée d'idyllique. En effet, ces animaux semblent vivre pour trois choses : manger, voyager et faire l'amour ! Les jeux amoureux ont ainsi une grande importance dans la vie sociale des dauphins. Ils peuvent durer plusieurs semaines, au cours desquelles les deux partenaires sont constamment ensemble. Les mâles sont polygames et se reproduisent avec plusieurs femelles. Le mâle courtise la femelle généralement le premier, mais il arrive que la femelle joue le rôle d'entraîneuse et prenne l'initiative. Le mâle initiateur s'assure de faire respecter son déterminisme à ne point partager la femelle avec d'autres mâles. Si la femelle accepte les avances, le couple nage ensemble, se caresse corps contre corps ou à l'aide de ses nageoires pectorales, s'isole et s'accouple.

Avant l'accouplement, ce couple de bélugas nage ensemble et se caresse (**a**). Toutefois, il arrive que la femelle ne soit pas consentante : cette femelle nage sur le dos, ventre et parties génitales hors de l'eau, tandis qu'un mâle essaye, pénis en érection, de s'accoupler (**b**).

Mais, parfois, les relations sexuelles sont violentes. En Australie, des petits groupes de mâles de grand dauphin indopacifique partent en quête d'une femelle, l'isolent agressivement dans un coin et la forcent à s'accoupler. Ce comportement est également observé chez les bélugas du Saint-Laurent au Québec, où de jeunes mâles se déplacent sur les sites de repos des femelles et les harcèlent sexuellement en les forçant à s'accoupler. Pour certains zoologistes, ces comportements d'agression sexuelle ne sont toutefois pas nécessairement liés à la reproduction, étant donné que les mâles attaquent bien souvent des femelles non fécondables. Ils peuvent être associés aux enjeux de cohésion sociale visant à établir le rang des mâles dans la hiérarchie du groupe. Certains éthologues (très controversés par les féministes) pensent que ce type de harcèlement sexuel est l'une des stratégies reproductives sélectionnées par l'évolution, laquelle permettrait aux mâles rejetés de féconder par la force les femelles réticentes.

Les mysticètes s'accouplent et mettent presque tous bas durant l'hiver, qui est la saison de reproduction quel que soit l'hémisphère. Au cours de cette période, baleines et rorquals se regroupent dans un même secteur donné, selon les espèces et les populations (ou stocks). Polyandres, les femelles peuvent s'accoupler avec plusieurs mâles. Il arrive que les rencontres soient tumultueuses. Avant les accouplements, les mâles s'affrontent parfois. Chez les baleines franches, on observe des « compétitions spermatiques » entre les mâles afin de conquérir les femelles. Ceux-ci possèdent de volumineuses prostates capables d'emmagasiner

Couple de céphalorhynques de Commerson nageant ventre contre ventre. Le contact entre les deux corps est très important.

de grandes quantités de sperme dans l'épididyme et le canal déférent. Ils utilisent ces réserves lors de « joutes au sperme » qui distingueront le plus puissant des reproducteurs ! Ces combats peuvent être très violents : les mâles se cognent avec la tête et se frappent avec la queue. Les rorquals à bosse mâles ne sont pas plus tendres, se télescopant avec violence.

Quelles que soient les espèces cétacéennes, odontocètes ou mysticètes, les femelles ne sont pas toujours prêtes à recevoir les faveurs du gagnant. Si elles ne le sont pas, elles s'éloignent ou se couchent sur le dos, ventre à l'air et vulve hors de la portée du séducteur. Les males excités ne renoncent pas pour autant et attendent alors que la femelle se remette en position normale pour reprendre son souffle. Si la femelle est consentante, les deux partenaires se frottent le ventre. Lors des accouplements, parfois acrobatiques, mâles et femelles nagent ventre contre ventre, puis le pénis pénètre brièvement dans le vagin, après quelques tâtonnements. Chez les cétacés, la durée de l'accouplement est inversement proportionnelle à la parade amoureuse, c'est-à-dire de 5 à 20 secondes.

Il existe très peu de données sur les comportements sexuels des siréniens. Les seules espèces pour lesquelles nous en avons sont le lamantin d'Amérique et le dugong. Il n'y a pas réellement de saison de reproduction chez ces mammifères. On observe des naissances toute l'année avec, parfois, des pics entre août et janvier chez le dugong en Australie ; entre février et mars, chez le lamantin de l'Amazone ; et entre mars et septembre, chez le lamantin d'Amérique. Ce qui situe les pics des accouplements entre février et octobre chez le dugong ; entre décembre et juillet chez le lamantin d'Afrique ; et entre février et juillet, chez celui d'Amérique.

La vie sexuelle des siréniens ressemble à celle des cétacés. Ils sont polygames (à l'exception toutefois de la rhytine de Steller qui, probablement, était monogame). Lorsqu'une femelle est en chaleur, elle attire plusieurs mâles qui l'entourent, la bousculent et essayent de s'accoupler avec elle. Ce regroupement de mâles (de 5 à 22 individus) autour d'une femelle est appelé « horde d'accouplement ». Les avances peuvent être violentes, et la femelle essaie parfois de s'isoler vers des eaux peu profondes puis nage sur le dos, ventre à l'air et vulve hors de portée. Lors de l'accouplement, le mâle nage ventre contre ventre avec la femelle, l'enserre avec ses nageoires antérieures et la pénètre de son pénis.

Âge de la maturité sexuelle de quelques espèces de mammifères aquatiques (d'après Marsh *et al.*, 2012 ; Riedman, 1990 ; Sylvestre, 2004)

Groupe	Espèce	Maturité sexuelle des mâles (en années)	Maturité sexuelle des femelles (en années)
Cétacés	Baleine franche noire	9-10	9-10
	Rorqual commun	6-10	7-12
	Mégaptère	4-5	8-11
	Cachalot	10	8-11
	Béluga	6-9	4-7
	Inie de l'Amazone	6	5
	Grand dauphin	9-13	5-13
	Orque	12-16	6-10
	Marsouin commun	4-5	3-6
Pinnipèdes	Phoque gris	6	4
	Phoque du Groenland	5,1	3-7
	Phoque léopard	3	2-6
	Morse	8-9	5-6
	Éléphant de mer austral	4-6	2-7
	Otarie à fourrure septentrionale	3-7	5-6
	Lion de mer de Steller	5-7	2-7
Autres groupes de mammifères aquatiques	Lamantin d'Amérique	9-10	8-9
	Dugong	9-10	9,5-10
	Loutre de mer du Pacifique nord	5-6	6-8
	Ours blanc	5	4-5

Comme chez la plupart des mammifères, les femelles sont sexuellement matures plus tôt que les mâles. Par contre, si on compare aux (autres) mammifères terrestres, la maturité sexuelle des mammifères marins, et tout particulièrement celle des cétacés et des siréniens, intervient tardivement. Cela est dû en grande partie à leur grande longévité (60 ans pour les dauphins, 70 ans pour les siréniens, 100 ans pour les orques, 120 ans pour les rorquals et 200 ans pour la baleine boréale).

Les stratégies de reproduction chez les pinnipèdes

Phoques et otaries sont amphibies et donc s'accouplent aussi bien sur terre (pour la plupart des espèces) que dans l'élément liquide (phoque gris, phoque crabier, morse). Ils sont à la fois polygames et monogames, selon les espèces, mais c'est la polygamie qui domine surtout chez les otariidés.

Chez les phocidés, la vie sociale est nettement limitée à la période de reproduction, celle-ci variant selon les espèces et les régions. Les phoques ont développé une gamme de stratégies de reproduction allant de la plus simple monogynie (un mâle pour une femelle) à la polygamie très prononcée (un mâle pour 100 femelles). Les animaux et espèces insulaires, de même que les animaux polaires, ont peu de choix pour se reproduire : ils doivent se regrouper sur des plages accessibles ou se tenir proches des fractures de la banquise. Plus l'espace est restreint, plus le mâle a des facilités pour contrôler un certain nombre de femelles. Dans l'Atlantique nord, les phoques gris mâles patrouillent à proximité de la plage pour verrouiller l'accès aux femelles. Sur la banquise du golfe du Saint-Laurent, les phoques du Groenland femelles se dispersent, et les mâles reproducteurs devront se satisfaire d'un territoire limité où peu de femelles viendront mettre bas. Les espèces polaires, qui utilisent en petit nombre la banquise pour se reproduire, se trouvent donc éparpillées. Les mâles ont deux choix : soit ne copuler durant la saison qu'avec une seule femelle (phoques à capuchon, crabier), soit s'accoupler avec plusieurs femelles au hasard de leurs recherches (phoques à ruban, du Groenland).

Harem chez le lion de mer d'Amérique du Sud (presqu'île de Valdés, Argentine). Le mâle se distingue nettement par sa taille, sa corpulence et sa pigmentation noirâtre.

Le plus polygame des phocidés est sans conteste l'éléphant de mer. Seuls les mâles agressifs chez cette espèce (qu'elle soit septentrionale ou boréale) sont reproducteurs, arrivent à former des harems et à s'accoupler. Si les mâles sont matures sexuellement à l'âge de 5 à 6 ans, ce n'est qu'à l'âge de 8-10 ans qu'ils ont une carrure suffisante pour les affrontements et la constitution d'un harem. Les mâles dominants peuvent rassembler entre 20 et 40 femelles, voire jusqu'à 100 femelles. Sur ces sites de reproduction (généralement une plage de sable ou de graviers), des combats violents opposent les maîtres mâles aux prétendants, combats où le plus vigoureux aura la possibilité de transmettre ses gènes. Une fois le harem constitué, le mâle dominant ne se nourrit pas et ne s'éloigne donc jamais de son harem. À la fin de la saison de reproduction, le mâle a ainsi perdu plusieurs centaines de kilos (il ne pèse que 1 000 à 1 500 kg au lieu de 2 000 kg avant la reproduction) et la femelle 45 % de son poids corporel.

Accouplement d'éléphants de mer australs. Seuls les mâles reproducteurs les plus agressifs peuvent se reproduire. Mais, à la fin de la saison de reproduction, épuisés par leur dépense énergétique, ils mourront très vite.

Les otariidés sont tous polygames et les mâles forment des harems (jusqu'à 150 femelles chez le lion de mer de Steller) durant la saison de reproduction. Ils se reproduisent aussi bien sur des plages de sable et de graviers que sur des récifs rocheux. Les stratégies de reproduction des otaries et des lions de mer ressemblent à celle des éléphants de mer. Les mâles sont agressifs durant la période des accouplements et s'accouplent avec toutes les femelles de leur harem, tout en gardant un œil sur les intrus qui chercheraient à courtiser une femelle.

Les amours des autres carnivores marins

Il n'y a pas de réelle saison de reproduction chez la loutre de mer du Pacifique nord et on note des naissances toute l'année. Toutefois, on observe des pics de naissance entre mai et juin en Alaska, et entre décembre et février en Californie, ce qui suggère que le pic de la saison des accouplements se situe respectivement en octobre-novembre et en mai-juin. Le mâle est polygame et défend son territoire. Lorsqu'il est avec une femelle, il reste en sa compagnie de 1 à 10 jours. Les accouplements, parfois violents, se déroulent dans l'eau et durent entre 15 et 30 minutes. Le mâle ceinture alors sa compagne de ses pattes, les antérieures fermement agrippées aux reins de celle-ci, et lui mord sauvagement le nez (comme nous l'avons vu, les cicatrices laissées par ces morsures restent souvent assez longtemps et peuvent aider à l'identification des femelles). Durant ce temps, la femelle est immergée sous le poids du mâle et revient péniblement respirer à la surface en étirant le cou à espaces réguliers. Nous avons en revanche peu de données sur la biologie de reproduction de la loutre marine sud-américaine. Elle est monogame et la saison des accouplements semble se dérouler dans l'eau entre octobre et janvier avec un pic des naissances entre janvier et mars.

Les ursidés sont majoritairement solitaires et l'ours blanc n'échappe pas à la règle. Toutefois, contrairement aux autres espèces d'ours, celui-ci n'a pas de territoire et passe sa vie à vagabonder à travers la toundra en été et sur la glace en hiver. Au printemps, les mâles peuvent rencontrer des femelles en rut et les courtisent. Comme ils suivent la même trace d'une femelle en chaleur, ils se bagarrent violemment jusqu'à ce que le plus vigoureux prenne le dessus. Un ours blanc dominant est souvent deux à trois fois plus gros qu'une femelle du même âge. Lorsque le couple est formé, les deux partenaires se poursuivent et entament des jeux. Le mâle, très nerveux et langue pendante, harcèle la femelle avec insistance. Généralement, le mâle dominant s'éloigne avec sa femelle, loin des autres mâles, et l'entraîne vers l'intérieur des terres ou des glaces. Le couple reste formé durant – en moyenne – une semaine. Les accouplements ne durent qu'une trentaine de minutes. Après les ébats amoureux, la femelle devient agressive et chasse le mâle.

Naître sous l'eau

Le développement embryonnaire chez les cétacés

Les cétacés ayant une vie entièrement aquatique, ils mettent bas sous l'eau. La durée de gestation chez les odontocètes varie entre 6 mois (dauphin du Yangtsé, ou *Lipotes vexillifer*) et 17 mois (orque). Chez les mysticètes, elle dure entre 10 mois (petit rorqual) et 14 mois (baleine boréale). Cette durée de gestation chez les baleines et les rorquals correspond en moyenne à un intervalle normal entre deux saisons de reproduction : lors d'une première saison, la femelle s'accouple et, un an après, elle retourne sur le même site de reproduction pour mettre bas. Les femelles (toutes espèces confondues chez les cétacés) recherchent, pour mettre bas, des endroits calmes et abrités, près du rivage ou dans des lagons, là où les eaux sont suffisamment tièdes ou chaudes pour accueillir le nouveau-né dépourvu de graisse. En effet, le fœtus ayant passé plusieurs mois dans un liquide interne à 35 °C se retrouve brutalement jeté dans un milieu fréquemment plus froid !

Le fœtus des cétacés est situé en position ventrale. La tête, plus lourde que le reste du corps, est positionnée vers l'arrière du corps de la mère, donc vers la sortie, la queue recourbée sous son abdomen. Ses nageoires sont positionnées de manière à éviter tout risque d'accroche. Les lobes de la caudale sont recourbés et l'aileron dorsal est plié et couché sur le dos.

Les veaux naissent généralement la queue la première, ce qui paraît logique puisque ce sont des animaux à respiration aérienne et qu'une telle position évite, en quelque sorte, la noyade. Mais s'il arrive que le veau naisse la tête la première, la femelle accouche sur le dos, le ventre au-dessus de la surface de l'eau, où elle est assistée par d'autres femelles (surnommées les « tantes ») qui vont guider le jeune vers la surface dès sa naissance. Le cordon ombilical, qui mesure 45 % de la longueur totale du veau, se détache tout seul en se rompant au niveau de l'ombilic.

Cétacés femelles accompagnées de leur jeune : (**a**) grand dauphin (veau de 48 heures) ; (**b**) orque (veau de 6 mois).

Dans la plupart des cas, les femelles cétacés mettent au monde un seul petit, même si des naissances de jumeaux (entre 0,40 et 1 % des cas chez les mysticètes) ou de triplés ont pu être observées, voire – ce qui est très rare – de quintuplés. La fréquence de reproduction est d'un veau tous les 12 mois (petit rorqual) à 6 ans (baleine du Groenland) chez les mysticètes, et tous les 12 mois (dauphin commun à bec court) à 9 ans (globicéphale tropical) chez les odontocètes.

Les veaux de mer

Les jeunes cétacés sont appelés « veaux » par les cétologues en règle générale. Ils portent aussi le nom de « baleineaux » pour les jeunes mysticètes et de « delphineaux » pour les jeunes dauphins. Le terme de veau vient des anciens baleiniers basques français qui comparaient les baleines à des bovins des océans. D'ailleurs, les anglophones utilisent le terme *calf* (qui signifie aussi « veau ») pour désigner les jeunes cétacés.

La durée de gestation chez les siréniens varie entre 12 et 14 mois. Les femelles gestantes s'isolent et cherchent généralement un endroit calme pour mettre bas. Le jeune naît soit la tête soit la queue en premier. Elles ne mettent au monde qu'un seul petit mais on connaît quelques cas de naissance de jumeaux, notamment chez le lamantin d'Amérique (près de 4 % des cas). Très sociaux, les lamantins s'entraident et il n'est pas rare de voir plusieurs femelles s'occuper d'un nouveau-né dès sa naissance, et cela durant plusieurs mois. La fréquence des naissances chez les siréniens est d'un jeune tous les 2 ans chez le lamantin d'Amérique ou tous les 3 à 7 ans chez le dugong.

Béluga femelle accompagnée par son veau.

Durée totale de gestation et taille et poids des nouveau-nés chez quelques mammifères aquatiques (d'après Marsh *et al.*, 2012 ; Riedman, 1990 ; Shirihai et Jarrett, 2007 ; Sylvestre, 2004)

Groupe	Espèce	Gestation (en mois)	Taille (en m)	Poids (en kg)
Cétacés	Baleine franche noire	12-13	4-6	900-1 500
	Rorqual commun	11-12	6-6,5	1 800-2 700
	Rorqual bleu	10-12	6-8	2 000-3 600
	Cachalot	14-15	3,5-4,5	1 000
	Béluga	12-14	1,5-1,6	80-100
	Grand dauphin	12	0,8-1,1	9-20
	Orque	12-17	1,8-2,7	160-180
	Inie de l'Amazone	11	0,76-0,82	7-8
	Plataniste	8-9	0,65-0,9	7,7
	Marsouin commun	10-11	0,67-0,75	5-6
Pinnipèdes	Phoque gris	11-25	0,9-1,0	15
	Phoque à capuchon	11	0,87-1,15	20
	Éléphant de mer austral	11,5	1,2	40
	Morse	10-15	1,4	50
	Otarie à fourrure antarctique	11,3	0,6	5,5
	Lion de mer de Steller	11,5	1	17-23
Autres mammifères aquatiques	Lamantin d'Amérique	13	1,2-1,4	30
	Dugong	13-14	1,2	20-35
	Loutre de mer d'Amérique du Nord	8	0,6	2-2,3
	Ours blanc	7-8,6	0,3	0,45-0,80

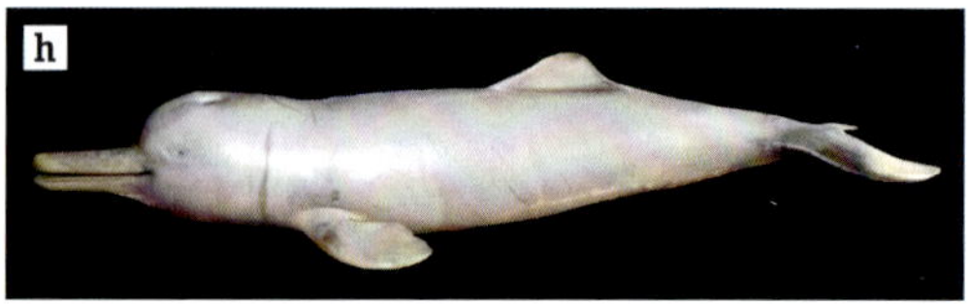

Fœtus de différentes espèces de cétacés : (**a**) cachalot pymée, (**b**) grand dauphin, (**c**) lagénorhynque à bec blanc, (**d**) globicéphale noir, (**e**) orque, (**f**) petit rorqual, (**g**) narval et (**h**) dauphin du Yangtsé.

De l'embryon au fœtus, le développement embryonnaire passe par les différents stades de l'évolution des cétacés avec l'apparition des « vestiges » d'une vie passée terrestre. Ce développement se fait dans la corne utérine gauche, à l'exception du plataniste où la gestation a lieu dans la corne droite. La croissance de l'embryon et ensuite du fœtus est rapide, particulièrement dans les deux derniers mois. Au stade embryonnaire, on commence à voir apparaître une ébauche des membres antérieurs dès la 4e semaine, du moins chez les dauphins. Vers la 5e ou 6e semaine, des ébauches des membres postérieurs font leur apparition chez l'embryon des cétacés. Cette existence de membres postérieurs sert de preuve de l'ontogénie évolutive de ces mammifères marins (et s'oppose en quelque sorte aux arguments des créationnistes). En effet, ces structures vestigiales ont été scannées (chez les embryons de dauphins) aux rayons X et cela a permis de montrer qu'elles sont comparables aux fémurs des autres mammifères terrestres. Les chercheurs ont même constaté l'existence de tibias et de structures en forme de doigts. Ces membres vestigiaux postérieurs vont disparaître définitivement à la 9e semaine. Seules subsistent alors les deux pattes antérieures, qui vont se transformer en nageoires pectorales.

Chez les mysticètes, des dents se développent sous forme de bourgeons au stade embryonnaire. Ces derniers vont disparaître avant la naissance du baleineau. Chez les fœtus des cétacés, on constate également des vibrisses prénatales sur le rostre des odontocètes ou sur l'extrémité du museau des mysticètes. Il s'agit là de vestiges d'anciennes vibrisses. Les vibrisses restent présentes sur le rostre des delphineaux mais disparaissent au fur et à mesure que les dauphins avancent en âge, à l'exception bien sûr des dauphins fluviatiles, chez qui ces vibrisses subsisteront jusqu'à leur mort. Par contre, chez les mysticètes, ces poils raides restent encore présents sur le museau des baleines et rorquals adultes.

Gestation et naissance chez les carnivores marins

Juste après l'accouplement, chez la plupart des pinnipèdes, les femelles rejettent les mâles et s'isolent. Les œufs (blastocytes, ou *blastula*) ne s'implantent pas immédiatement dans la muqueuse utérine après la fécondation, mais seulement au bout de plusieurs mois. C'est ce qu'on appelle l'implantation différée ou nidation ou encore diapause. Ce mécanisme biologique – propre aux pinnipèdes, aux ursidés et à certains mustélidés (excepté chez les loutres) – est essentiel chez les espèces des régions froides. Pour la plupart des espèces de phoques et chez l'ours, ce mécanisme permettrait de ne pas donner naissance aux pires moments de l'année.

Le phoque du Groenland naît avec une fourrure entièrement blanche qu'il gardera durant une dizaine de jours, d'où son surnom québécois de « blanchon ».

Chez les pinnipèdes, cette période de l'implantation différée varie, selon les espèces, entre 3 mois pour le phoque commun et 12 mois pour le lion de mer de Californie, en passant par 4 mois chez l'éléphant de mer austral, 9 mois et demi chez le phoque léopard et 10 mois chez le morse. La durée de gestation totale (comprenant la diapause) avoisine en moyenne 11 mois (15 mois au maximum chez le morse). Les naissances ont lieu sur la terre ferme pour tous les pinnipèdes. Certains mettent au monde dans des crevasses de glace creusées (phoque annelé, phoque du Baïkal) ou dans des grottes (phoques moines). La fréquence des naissances est d'un jeune par année. Les cas de naissances gémellaires restent rares chez les pinnipèdes..

Chez les loutres marines, la durée de gestation est de 8 à 10 mois pour l'espèce nord-pacifique, et cette dernière ne met au monde qu'un seul petit généralement. Toutefois, on connaît quelques rares cas de jumeaux et de triplés chez cette espèce. Après 60 à 120 jours de gestation, la loutre marine sud-américaine donne naissance à deux loutrons.

Chez l'ours blanc, tout de suite après les accouplements, la femelle se débarrasse du mâle et part creuser une tanière pour mettre bas. La durée de l'implantation différée est de 5 mois et la gestation totale dure entre 7 et 8 mois. Elle met au monde, dans une tanière creusée dans la neige ou dans le permafrost, deux oursons qui mesurent une trentaine de centimètres et qui pèsent entre 600 et 700 g chacun, soit 1/500e du poids corporel de la mère. On connaît quelques rares cas de naissance de triplés.

Dès leur naissance, les oursons, aveugles et recouverts d'un fin duvet, migrent à travers la fourrure maternelle pour rejoindre l'une des quatre mamelles. Comme chez le panda géant, les nouveau-nés sont très petits et surtout fragiles. Cela s'explique par le fait que les femelles donnent naissance durant une longue période de jeûne : les fœtus sont incapables de se procurer, au travers du placenta, les acides gras nécessaires à leur croissance intra-utérine. Les mères vont, par contre, compenser ce déficit de développement des nourrissons en puisant sur leurs propres réserves de graisse corporelle par l'intermédiaire de leur lait. Au cours de leur développement, les oursons commencent à ouvrir les yeux dès l'âge d'un mois et les dents de lait font leur apparition entre un mois et demi et deux mois après la naissance.

L'hybridation chez les mammifères marins

On savait que les hybrides existaient dans la nature, mais jusqu'à présent, il était parfois extrêmement difficile de les identifier comme tels et de leur assigner une place adéquate dans la classification. Aujourd'hui, grâce à la génétique, les choses ont changé et on est capable d'identifier les deux espèces sauvages impliquées. Il est par contre infiniment plus aisé de produire des hybrides en captivité en mettant ensemble des individus de deux espèces différentes.

Chez les cétacés, 24 espèces appartenant à 14 genres (dont 8 espèces appartenant à 6 genres en captivité) ont eu part à des hybridations connues. Chez les pinnipèdes, les hybridations sont beaucoup plus rares, et toutes ont été enregistrées chez des animaux sauvages : 4 espèces (et un seul genre) chez les otariidés et seulement 2 espèces (chez un seul genre également) chez les phocidés. Chez les cétacés, le grand dauphin est le plus impliqué dans les hybridations en captivité, car le plus commun dans les océanoriums. L'un de ces hybrides, une femelle issue d'un croisement entre *Tursiops* et *Pseudorca*, s'est montré fertile et a donné naissance à Hawaii (après accouplements avec d'autres grands dauphins) à trois veaux. Chez les mysticètes, on connaît une dizaine de cas d'hybridations entre le rorqual commun et le rorqual bleu dans l'Atlantique nord, avec descendance fertile.

Exemples d'hybridation chez les cétacés : (**a**) grand dauphin × lagénorhynque du Pacifique et (**b**) grand dauphin × fausse orque.

Les cas d'hybridation chez l'ours blanc sont intéressants, non seulement génétiquement mais aussi écologiquement. Les hybrides entre ours blanc et ours brun (la sous-espèce américaine exclusivement) sont appelés grolar, grolaire, pizzly, ou encore prizzly (anglicisme). Le croisement entre les deux espèces a été signalé pour la première fois en captivité en 1968 (zoo français de Thoiry), puis à nouveau dans d'autres zoos européens et nord-américains. Depuis, plusieurs individus sauvages tués dans le Grand Nord canadien (Territoires du Nord-Ouest et Nunavut) ont été identifiés comme étant des grolaires. L'un d'entre eux – capturé au printemps 2010 – s'avère un croisement entre un grizzly mâle et une femelle grolaire. Au printemps 2014, les biologistes canadiens ont répertorié cinq ours étranges qui seraient probablement des hybrides entre les deux espèces d'ursidés.

Ces croisements prouvent l'affinité génétique entre ces deux dernières – n'oublions pas que l'ours brun est l'ancêtre de l'ours blanc, avec une divergence entre 300 000 ans et 2 millions d'années – d'autant plus que les hybrides sont viables et fertiles. Selon certains mammalogistes, le phénomène risque de s'amplifier, du moins en Amérique du Nord, car avec le réchauffement climatique, au Canada plus particulièrement, les ours bruns (voire les ours noirs) remontent davantage vers les forêts du Nord, à la limite de la toundra, et les ours blancs, faute de banquise, tardive à se former, descendent plus au sud : les deux (ou trois) espèces d'ursidés tendent à se rencontrer, voire à s'accoupler.

Liste des hybridations chez les mammifères marins

• Cétacés en milieu naturel

En milieu naturel, on ne connaît pas le sexe du géniteur.
Grand dauphin (*Tursiops truncatus*) × dauphin de Risso (*Grampus griseus*)
Grand dauphin femelle (*Tursiops truncatus*) × sténo mâle (*Steno bredanensis*)
Dauphin commun à long bec (*Delphinus capensis*) × lagénorhynque obscur (*Lagenorhynchus obscurus*)
Dauphin à long bec (*Stenella longirostris*) × dauphin clymène (*S. clymene*)
Dauphin à long bec (*Stenella longirostris*) × dauphin tacheté (*S. attenuata*)
Dauphin aptère austral (*Lissodelphis peronii*) × lagénorhynque obscur (*L. obscurus*)
Céphalorhynque de Commerson (*Cephalorhynchus commersonii*) × céphalorhynque noir (*C. eutropia*)
Béluga (*Delphinapterus leucas*) × narval (*Monodon monoceros*)
Marsouin de Dall (*Phocoenoïdes dalli*) × marsouin commun (*Phocoena phocoena*)
Rorqual commun (*Balaenoptera physalus*) × rorqual bleu (*B. musculus*)
Rorqual commun (*Balaenoptera physalus*) × rorqual de Rudolphi (*B. borealis*)
Petit rorqual austral (*Balaenoptera bonaerensis*) × petit rorqual (*B. acutorostrata*)
Rorqual bleu (*Balaenoptera musculus*) × rorqual à bosse (*Megaptera novaeangliae*)

• Cétacés en captivité

Grand dauphin femelle (*Tursiops truncatus*) × grand dauphin indopacifique mâle (*T. aduncus*)
Grand dauphin femelle (*Tursiops truncatus*) × dauphin de Risso mâle (*Grampus griseus*)
Grand dauphin femelle (*Tursiops truncatus*) × dauphin commun à long bec mâle (*Delphinus capensis*)
Grand dauphin femelle (*Tursiops truncatus*) × dauphin commun à bec court mâle (*Delphinus delphis*)
Grand dauphin mâle (*Tursiops truncatus*) × fausse orque femelle (*Pseudorca crassidens*)
Grand dauphin femelle (*Tursiops truncatus*) × globicéphale tropical mâle (*Globicephala macrorhynchus*)
Grand dauphin mâle (*Tursiops truncatus*) × sténo femelle (*Steno bredanensis*)
Hybride femelle (*Tursiops* × *Pseudorca*) × grand dauphin mâle (*Tursiops truncatus*)

• Pinnipèdes (en milieu naturel uniquement)

Phoque commun (*Phoca vitulina*) × phoque tacheté (*P. largha*)
Otarie à fourrure antarctique (*Arctocephalus gazella*) × otarie à fourrure subantarctique (*A. tropicalis*)
Otarie à fourrure de Guadalupe (*Arctocephalus townsedi*) × otarie à fourrure de Californie (*A. californianus*)

• Ours blanc (en milieu naturel et en captivité)

Ours blanc (*Ursus maritimus*) × ours brun (*U. arctos*)
Ours blanc (*Ursus maritimus*) × ours noir (*U. americanus*)

L'hybridation chez les cétacés est la source de quelques polémiques chez les spécialistes. Comment certaines espèces aussi différentes, comme *Tursiops* et *Globicephala*, ou bien *Lissodelphis* et *Lagenorhynchus*, peuvent-elles « concevoir » des hybrides ? Ces naissances interspécifiques (voire intergénériques) mettent en valeur un rapprochement phylogénétique entre plusieurs genres bien distincts. Ces naissances hybrides prouvent une certaine affinité génétique chez les delphinidés, due en grande partie à l'évolution très rapide de cette grande famille au cours de ces 10 à 15 derniers millions d'années.

L'allaitement

Un lait pour mieux grandir

Chez les cétacés, dès sa naissance, le veau se dirige vers l'une des deux mamelles pour s'allaiter. Le lait est alors injecté dans sa bouche grâce à la contraction des muscles de la mère. Le jeune boit en moyenne entre 4 litres (pour un grand dauphin) et plus d'une centaine de litres (pour le rorqual bleu) de lait par jour. Le lait des cétacés est d'une texture crémeuse et très riche en graisse, en calcium, en phosphore et en protéines. Chez les mysticètes, ce lait, dont la valeur calorifique est de 4 137 kilocalories par kilogramme (kcal/kg), est composé de 49 % d'eau, 36 % de graisse, 13 % de protéines et 1 % de sucre. Par comparaison, le lait de vache comporte 3 % de graisse (4 % chez les humains), 4 % de protéines, 4,8 % de sucre pour une valeur de 747 kcal/kg.

Ce delphineau âgé de 48 heures nage tout près de sa mère et, de temps en temps, se dirige vers un des deux orifices mammaires pour boire son lait riche en matière grasse.

Le baleineau de rorqual bleu – qui boit près de 90 kg de lait par jour et cela durant sept mois – s'allonge de 3 à 4 cm par jour et gagne 81 kg quotidiennement. Ce lait lui fournit 9 500 kcal/kg de graisse, 5 500 kcal/kg de protéines et 4 000 kcal/kg de sucre. À ce régime, le baleineau mesure 16 m et pèse déjà 25 tonnes à l'âge de 6 mois. Chez le rorqual commun, le veau ingurgite durant 6 mois près de 65 kg de lait par jour, soit 229 625 calories, et grandit de 3 cm et 60 kg par jour. Au bout de 6 mois, au sevrage, il mesure 12 m de long et pèse presque 11 tonnes. La ration quotidienne du veau chez la baleine grise est de 36 à 38 kg de lait et celle du rorqual à bosse d'environ 45 kg. Chez les odontocètes, ce lait est beaucoup moins gras. Celui du grand dauphin, par exemple, contient 59 % d'eau, 27 % de gras, 11 % de protéines et 1 % de sucre. Chez le cachalot, c'est 24 % de matière grasse ; entre 18 et 24 % chez les ziphiidés, et 13 % chez le plataniste. Chez le marsouin commun, par contre, le lait est exceptionnellement un peu plus gras : 46 %.

La durée de lactation varie également selon les espèces : elle est de 3 mois (petit rorqual) à 14 mois (baleine franche australe) chez les mysticètes et de 4 mois (marsouin commun) à 44 mois (globicéphale noir) chez les odontocètes. Chez les odontocètes, tout particulièrement, le jeune va rester plusieurs années, voire toute sa vie avec sa mère ou dans le troupeau de sa mère (tout spécialement chez les orques). Les liens entre la mère et le jeune chez les cétacés sont très forts, et il n'est pas rare d'observer une femelle accompagnée par deux ou trois jeunes d'âges différents (c'est le cas des bélugas ou des orques).

Un lait très riche pour un allaitement très bref

Chez les phocidés, la durée d'allaitement est exceptionnellement courte, allant de 4 jours pour le phoque à capuchon jusqu'à 53 jours pour le phoque de Weddell. Chez les phoques boréaux, cette durée est de 12 jours pour le phoque du Groenland, 15 à 21 jours pour le phoque gris et 24 jours pour le phoque commun. Les mères se nourrissent durant la période d'allaitement, enrichissant par conséquent le lait en matière grasse. Plus cette période est courte, plus ce lait est riche en graisse. Le lait du phoque à capuchon et celui du phoque gris contiennent, par exemple, jusqu'à 60 % de matière grasse, alors que celui du phoque de Weddell n'en contient que 48 %. Une fois qu'il est sevré, les mères abandonnent leur jeune et copulent de nouveau avec des mâles. Ce sont les morses qui détiennent chez les pinnipèdes le record de la période d'allaitement : de 2 à 3 ans.

Allaitement chez l'otarie à fourrure antarctique sur l'île de la Géorgie du Sud.

Chez les otaries et les lions de mer, la période d'allaitement est bien plus longue que chez les phocidés, et peut durer une année. Ce qui n'empêche pas leur lait d'être riche en graisse. Chez les otaries à fourrure de Californie et celles d'Amérique du Sud, le lait contient respectivement entre 44 % et 55 % de gras. Pourquoi de telles teneurs malgré une période d'allaitement si longue ? Cela pourrait s'expliquer par l'activité de la mère durant l'allaitement. En effet, d'un côté, celle-ci fait de longues excursions en mer et se nourrit abondamment, enrichissant par conséquent son lait. D'un autre côté, par ces longues absences, elle force son petit à jeûner. Ce dernier doit donc absolument avoir accès à un lait riche en matière grasse pour croître normalement.

Allaiter une « vache de mer »

Quelques heures après leur naissance, les jeunes dugongs et lamantins se dirigent à la base de l'une des nageoires antérieures de leur mère pour téter : c'est ici que se trouve une des mamelles. Les femelles allaitent leur jeune par périodes de 2 à 3 minutes et leur lait, moins riche en matière grasse que celui des cétacés et des pinnipèdes, demeure malgré tout plus riche (ainsi qu'en protéines et en sel) que celui de la vache, mais ne possède pas de lactose. La période d'allaitement est longue chez les siréniens : elle est au moins de 18 mois chez le dugong et entre 12 et 18 mois chez le lamantin d'Amérique. Toutefois, le jeune commence à brouter ses premières plantes aquatiques dès l'âge de 3 mois pour le dugong et 3–4 semaines pour le lamantin d'Amérique. Après le sevrage, les jeunes restent longtemps avec leur mère. Chez le lamantin d'Amérique, cet attachement peut durer plus de 2 ans, voire beaucoup plus encore.

Durée de lactation, fréquence des naissances et longévité chez quelques espèces de mammifères aquatiques (d'après Marsh *et al.*, 2012 ; Riedman, 1990 ; Shirihai et Jarrett, 2007 ; Sylvestre, 2004)

Groupe	Espèce	Allaitement (en mois ou en jours)	Fréquence (en années)	Longévité (en années)
Cétacés	Baleine boréale	9-12 m	3-6	200 +
	Baleine franche noire	8-12 m	3-5	70-100 +
	Rorqual commun	6-7 m	3	111
	Rorqual à bosse	5-12 m	2	60 +
	Rorqual bleu	6-8 m	2-3	112
	Cachalot	24 m	4-6	60-70
	Béluga	18 m	2-3	80
	Inie de l'Amazone	12 m	2-3	36-40
	Grand dauphin	18-24 m	4-6	55 +
	Orque	12 m	3-8	102
	Marsouin commun	8 m	12-24	24
Pinnipèdes	Phoque à capuchon	4 j	1	35
	Phoque du Groenland	12 j	1	30
	Phoque gris	15-21 j	1	40
	Phoque léopard	30 j	1	30
	Phoque de Weddell	53 j	1	30
	Éléphant de mer austral	12 j	1	30
	Morse	12-36 m	2-3	30-40
	Otarie à fourrure septentrionale	4 m	1	26
	Lion de mer de Steller	12 m	1	25
Autres mammifères aquatiques	Dugong	18 m	3-7	73
	Lamantin d'Amérique	12-18 m	2	60
	Loutre de mer du Pacifique nord	6-12 m	2	15-20
	Ours blanc	24-28 m	3	30 +

C'est chez les phocidés (phoques) que l'on trouve les femelles qui allaitent le moins longtemps leur jeune. Les records sont détenus surtout chez des espèces arctiques et se reproduisant donc dans un milieu fort hostile (glace, froid, vents violents) : le phoque à capuchon et le phoque du Groenland. Chez ces animaux, la période de reproduction est courte et, durant ce laps de temps, les femelles mettent bas, allaitent et s'accouplent à nouveau aussitôt, réduisant par conséquent la période d'allaitement en fournissant au jeune un lait extrêmement riche en matière grasse tout en jeûnant. Chez les otariidés, les femelles s'accouplent après la mise bas et l'allaitement mais par contre, elles s'alimentent durant la période d'allaitement. C'est la raison pour laquelle la durée d'allaitement est un peu plus longue.

S'isoler pour allaiter

Pour donner naissance à ses nourrissons et protéger leur développement, la mère ours blanc s'isole dans une tanière creusée dans la neige ou le permafrost. Dès leur naissance (entre début décembre et début janvier), elle garde ses petits sur son corps, accrochés dans son pelage autour des quatre tétines, et les allaite. Le lait de l'ours blanc est visqueux, épais et riche en matière grasse : entre 17 et 25 % en moyenne. Dans la tanière, la femelle reste couchée et enroulée sur elle-même, entourant ses petits de ses pattes, dos face aux éventuelles entrées d'air. Il fait alors 21 °C dans l'antre. Durant cette période de repos (pour la mère) et de protection (pour les oursons), la femelle jeûne et vit sur sa réserve de graisse. Elle perd ainsi près de 50 % de son poids corporel.

C'est entre la fin février et la mi-avril que la mère et ses oursons sortent de la tanière. Ces derniers pèsent une dizaine de kilogrammes. La mère commence à chasser de nouveau pour renouveler sa réserve de graisse. Au fur et à mesure des chasses fructueuses, le lait maternel va s'enrichir de nouveau en matière grasse : il va passer de 25 à 46 %. La durée de lactation est longue chez l'ours blanc : entre 14 et 18 mois. Les oursons restent en compagnie de leur mère durant deux années, voire deux ans et demi – le temps nécessaire pour apprendre à chasser et à survivre dans l'Arctique. Dès que les petits quittent la protection maternelle, la mère va s'accoupler de nouveau avec un mâle.

Des prédateurs ou des brouteurs

Des prédateurs ou des brouteurs

Février 2014, Antarctique. Le programme du jour est de faire le tour de l'île Dundee en Zodiac. Les croisières jusqu'à cette île située dans la mer de Weddell sont extrêmement rares. C'est la deuxième en quinze années d'expéditions en Antarctique, et pour cause, cette partie est tout le temps chargée de glaces flottantes et d'immenses icebergs tabulaires. Aujourd'hui, c'est une mer libre ! Des milliers de jeunes manchots Adélie attendent de se mettre à l'eau sur le rivage rocheux insulaire. Sur les plaques de glace environnantes, je compte une dizaine de phoques léopards en sommeil. Deux d'entre eux plongent et commencent à chasser les jeunes manchots inexpérimentés, indifférents à la présence de nos embarcations. Un phoque léopard vient juste de capturer un jeune manchot. Il le garde dans la gueule puis le secoue violemment au-dessus de la surface pour le peler et, quelques minutes plus tard, mange des morceaux de chair du malheureux. Le phoque léopard est bien l'ennemi juré des manchots dans les eaux côtières de la péninsule Antarctique.

Les mammifères aquatiques occupent les niveaux supérieurs de la chaîne alimentaire : ils sont surtout des prédateurs – donc carnivores – même s'ils peuvent parfois devenir proies. Leur régime alimentaire est varié : la plupart sont ichthyophages (ou piscivores, autrement dit se nourrissent de poissons), d'autres sont teutophages (s'alimentent de céphalopodes), quelques-uns sont planctophages (ingurgitent du plancton), une minorité s'attaque à d'autres mammifères marins et, enfin, certaines espèces – toutes appartenant à l'ordre des siréniens – sont totalement herbivores.

Page précédente
Un rorqual à bosse nage en dessous d'un banc de krill antarctique et remonte doucement vers la surface, tout en soufflant de l'air par ses évents. Un rideau de bulles se forme ainsi, rassemblant et piégeant les proies.

Des dentures très diverses

Des dents pour attraper

Les cétacés ont été divisés en deux parvordres en fonction de leur denture. Les odontocètes ont des dents et les mysticètes ont des fanons. Les dents des odontocètes sont monodontes (une seule série de dents, c'est-à-dire aucune dent de lait) et homodontes (ces dents sont identiques entre elles). On compte, au total chez ces animaux, entre 2 dents (narval, ziphius, mésoplodons) et un peu plus de 200 (220 chez le dauphin de la Plata et 224 chez le dauphin à long bec). Parfois ces dents restent vestigiales : elles sont cachées soit dans la mâchoire supérieure (narval), soit dans la gencive (sur la mâchoire supérieure du cachalot, même invisibles, ces dents vestigiales restent toutefois présentes). La denture peut être inexistante sur l'une des deux mâchoires (ziphius, hypéroodons, mésoplodons). Ces dents sont relativement courtes et généralement pointues (chez les dauphins) ou en forme de spatules (chez les marsouins) chez les jeunes, avant de devenir émoussées chez les adultes, ce qui ne les gêne pas pour autant pour se nourrir.

Dentures chez les odontocètes : (**a**) les dents du béluga sont plates à l'extrémité et servent surtout à capturer les proies ; (**b**) celles de l'orque sont robustes et pointues, et sont utilisées, non seulement pour attraper les proies, mais aussi pour arracher des morceaux de chair.

Étant homodontes, les odontocètes (surtout les dauphins) ne mâchent pas leurs proies (ils n'ont pas de molaires) mais se servent de leurs dents pointues pour les attraper, puis les positionner dans la bouche et les diriger vers l'œsophage. Ils avalent donc leurs proies entièrement (tête la première), bien souvent vivantes. Les espèces teutophages comme les globicéphales, le dauphin de Risso, les ziphiidés et le cachalot n'ont aucune difficulté à avaler entiers les calmars et autres céphalopodes qui leur servent de proies. En revanche, les espèces ichthyophages (comme les dauphins océaniques par exemple) peuvent, dans certains cas, couper en deux ou en morceaux certains des poissons les plus gros pour mieux les avaler. Seuls certains delphinidés comme l'orque, la fausse orque – et peut-être l'orque pygmée – utilisent leurs robustes et solides dents pour arracher de la viande et – probablement – la découper afin de mieux l'avaler. En aucun cas, les odontocètes ne mâchent leur repas !

La dent énigmatique du narval

La dent transformée en défense du narval mâle émerge très souvent lorsqu'il fait surface pour respirer.

Ce qui distingue, à première vue, le narval des autres cétacés est bien sûr cette dent de 2 à 2,7 m de long (d'une dizaine de kilogrammes) qui pousse à l'avant de la mâchoire supérieure. En fait, le narval ne présente qu'une paire de dents non fonctionnelles située sur la mâchoire supérieure. Alors que chez la femelle, elles restent généralement enfouies dans le maxillaire, chez le mâle, la dent de gauche a tendance à saillir dès l'âge de 2-3 ans. Cette défense a fasciné les biologistes et plusieurs hypothèses ont été avancées sur son utilisation : harponner les poissons, remuer le fond, briser la glace, se battre avec d'autres mâles, guider des ondes sonores, etc. Ces dernières années, des biologistes nord-américains ont peut-être trouvé une réponse : il s'agirait d'un organe sensoriel extrêmement sensible, sorte de capteur en temps réel des conditions hydrodynamiques telles que température, variations de pression et salinité. Or il s'agit des facteurs-clés dans la formation de la glace, qui conditionne la migration de ce cétacé. Elle permettrait également aux mâles de trouver les femelles en détectant leurs hormones spécifiques dans l'eau.

Dentition chez quelques espèces d'odontocètes (d'après Shirihai et Jarrett, 2007 ; Sylvestre, 2010 ; Watson, 1981)

Espèce	Nombre total de dents en moyenne	Nombre de dents par rangée sur la mâchoire supérieure	Nombre de dents par rangée sur la mâchoire inférieure
Béluga	32	8-11	8-10
Cachalot	70	11 (vestigiales)	18-30
Dauphin à long bec	224	46-65	46-65
Dauphin bleu et blanc	200	45-30	43-49
Grand dauphin	98	20-26	18-26
Hypéroodon boréal	2	0	1
Inie de l'Amazone	116	25-34	26-33
Marsouin commun	92	22-28	22-28
Mésoplodon de Blainville	2	0	1
Narval	2	1	0
Orque	44	10-13	10-13
Plataniste	116	29-30	29-30

Des fanons pour filtrer

Les mysticètes ont vraiment quelque chose de peu commun, non seulement chez les mammifères, mais également dans le règne animal : ces énormes animaux se nourrissent de petits organismes qu'ils avalent en grande quantité pour entretenir leur gigantesque corps. Ce qui caractérise ces créatures au sein des cétacés, c'est leur denture très spéciale. À la place de dents, guère utiles pour ces animaux, ils possèdent des fanons. Un fanon est formé de deux lames cornées pourvues sur leur côté interne d'une série de poils (ou franges) très durs et pleins, implantés à une certaine distance de la racine qui est fixée à la mâchoire supérieure. Ces franges et ces lames cornées poussent continuellement. Les fanons sont fins, plus ou moins longs selon les espèces, et constitués d'une matière organique souple et solide : la kératine. Les fanons sont disposés sur une seule rangée le long de la mâchoire supérieure.

Le nombre de paires de fanons varie selon les espèces : de 140 pour la baleine grise à 480 pour le rorqual commun. Ils sont espacés les uns des autres par un intervalle de 5 à 10 mm, les plus petits étant localisés sur le bord antérieur de la mâchoire supérieure. Les franges de chaque fanon s'entremêlent pour former un filtre très efficace à travers lequel l'eau peut s'écouler facilement, retenant les petits crustacés et poissons dont ces léviathans se nourrissent.

Fanons chez les mysticètes : (**a**) crâne de baleine franche australe montrant les fanons fixés, dans les gencives, à la mâchoire supérieure ; (**b**) arrangement des fanons, vu de l'extérieur, chez une baleine grise ; (**c**) rangée de fanons de l'intérieur montrant les nombreuses franges nécessaires au filtrage de l'eau à l'intérieur de la bouche.

Les fanons sont presque triangulaires et ont la forme d'une hache de guillotine. Leur forme et leur couleur caractérise chaque espèce. Ils sont courts (15 cm à 1,10 m) et larges (5 à 60 cm) à la base chez les rorquals, un peu plus longs (50 cm) et moyennement larges à la base (25 cm) chez la baleine grise, et enfin très longs (jusqu'à 4 m) et étroits à la base (de 20 à 30 cm) chez les baleines franches. Leur couleur varie aussi selon l'espèce. Elle va du jaune crème chez le petit rorqual et la baleine grise au noir chez le rorqual bleu et les baleines franches. Cette pigmentation peut être uniforme ou montrer des nuances (lames gris sombre et franges jaunes chez le rorqual commun par exemple).

Ce rorqual à bosse se nourrit à la surface, gueule ouverte, montrant sa rangée de fanons sur la mâchoire supérieure.

Caractéristiques des fanons de quelques mysticètes (d'après Shirihai et Jarrett, 2007 ; Sylvestre, 2004 et 2010 ; Watson, 1981)

Espèce	Nombre de fanons (par paires)	Longueur des fanons (en cm)	Largeur des fanons (en cm)
Baleine franche noire	205-270	270	30
Baleine boréale	230-360	400	25-30
Baleine pygmée	210-230	60-70	10
Baleine grise	140-180	40-50	25
Petit rorqual	256-350	15-30	5-12
Rorqual commun	269-480	72-90	30-50
Rorqual bleu	270-395	90-110	50-60
Rorqual à bosse	270-400	85-104	35-40

Des dents pour brouter

La denture des siréniens est très proche de celle des éléphants, auxquels ils sont affiliés génétiquement. La bouche de ces mammifères aquatiques est pourvue de robustes plaques masticatoires à tissu corné épais. Leur denture est adaptée à un régime phytophage particulier et présente des phénomènes de réduction. Chez les dugongidés, il arrive même que la denture soit complètement absente chez la rhytine, si bien qu'il est très difficile de donner une formule dentaire précise chez cette espèce. Chez le dugong, les incisives du mâle sont saillantes comme chez les éléphants. Les dents jugales (molaires et prémolaires) n'existent que chez les jeunes ; rapidement usées, elles se réduisent à des tronçons recouverts de céments (sorte de tissu conjonctif minéralisé qui recouvre la dentine) et tombent finalement. Elles sont fonctionnellement remplacées par des plaques cornées tapissant le palais osseux et la région correspondante de la mâchoire inférieure.

Chez les lamantins (trichéchidés), les incisives tombent avant la maturité sexuelle. Les adultes ne possèdent que des dents jugales (5 à 8 par demi-mâchoire). Si la plus antérieure qui est la plus ancienne est perdue, la seconde la remplace. Ce mouvement de dents se fait constamment de l'arrière – où de nouvelles dents se forment continuellement – vers l'avant. Ce remplacement des dents est une adaptation au pouvoir abrasif des spinules des tiges de graminées ou des plantes à racines aquatiques qu'ils consomment.

Les siréniens, comme ce lamantin d'Amazonie en train de brouter des herbes flottantes, sont les seuls mammifères aquatiques herbivores.

Redoutables dents et défenses des pinnipèdes

Contrairement aux cétacés et aux siréniens, les pinnipèdes présentent une véritable denture de carnassiers avec des incisives, des canines et des post-canines. Elle varie selon les familles. La denture typique (mâchoire supérieure/mâchoire inférieure par demi-mâchoire) chez les otariidés adultes est composée de 26 dents en moyenne au total. Chez les odobénidés, on en compte au total 18. Enfin, chez les phocidés, la denture est composée de 28 à 36 dents selon les espèces. Ces dents sont bien différentes de celles des mammifères terrestres ; cela est dû à l'évolution et à la spécialisation dans un milieu aquatique. Les post-canines des pinnipèdes sont devenues homodontes et les canines et incisives, pointues, ne servent plus qu'à retenir les proies. Les canines sont généralement bien développées ; par contre, le nombre et la taille des incisives se sont réduits par rapport aux mammifères carnivores terrestres.

Parmi les phocidés australs, on remarque toutefois une grande spécialisation de la denture chez certaines espèces. En Antarctique, chaque espèce de phoques a une alimentation bien définie et sa denture a évolué en fonction de son régime alimentaire spécifique. Ainsi, chez le phoque crabier (avec ses 32 dents au total), mangeur de krill, les post-canines montrent des cuspides (entre 4 et 5 par post-canine) servant à filtrer l'eau et retenir les crustacés dans la gueule. Chez le phoque léopard (32 dents au total), mangeur à la fois de manchots et de krills, les canines sont développées pour tuer et découper, et les post-canines possèdent aussi des cuspides (3 en général) pour filtrer. Chez le phoque de Ross (24 dents), les canines sont aiguisées et recourbées vers l'arrière, apparemment pour retenir les céphalopodes. Ces dents ont évolué également en fonction des mœurs de l'animal. Chez le phoque de Weddell (32 dents) par exemple, chaque demi-mâchoire est garnie par deux incisives dressées à l'horizontale servant à creuser la glace pour entretenir les trous de respiration.

Chez les otariidés, on ne note aucune adaptation particulière de la denture, même si certaines espèces ont un régime alimentaire bien spécifique. Les otaries et les lions de mer ont le même genre de post-canines que les phocidés. Elles sont toutes semblables, pointues, pour retenir seulement les proies. Le seul élément remarquable réside dans la sorte de dimorphisme sexuel que montrent les canines plus massives des mâles. Enfin, il est à noter que la musculature de la mâchoire des otariidés (notamment celle des lions de mer) reste puissante et redoutable.

Denture chez trois pinnipèdes antarctiques : (**a**) le phoque crabier, (**b**) le phoque léopard et (**c**) l'éléphant de mer austral.

Les défenses du morse

De tous les pinnipèdes, le morse est le plus connu grâce à ses deux impressionnantes canines. Sa denture est constituée de 18 dents. Chez les adultes, les post-canines sont réduites à de vulgaires tronçons. Par contre, les deux canines supérieures se développent avec l'âge et chez les deux sexes (celles des mâles sont un peu plus longues et droites). Les défenses des morses de l'Atlantique n'excèdent pas 40 cm, alors que celles des morses du Pacifique peuvent atteindre 75 cm de long chez les mâles. Ces deux canines auraient plusieurs rôles : on a déjà vu des morses s'en aider pour marcher ou pour s'agripper à la banquise. En outre, ces deux défenses ont un rôle social non négligeable. Les plus gros individus ayant les plus longues défenses sont souvent les dominants. En cas de confrontation, deux mâles aux défenses de même taille se montrent « les dents », et il peuvent en venir à se poignarder jusqu'à ce que le plus faible cède et s'en aille. D'ailleurs, il n'est pas rare de voir des morses avec une ou deux défenses cassées.

Chez les morses, mâles et femelles possèdent ces deux longues canines transformées en défenses.

De véritables dentures de carnivores chez les loutres et l'ours blanc

La denture des lutrinés et des ursidés, même marins, manifeste une hétérodontie très marquée qui la rend identique à celle des autres mammifères de l'ordre des carnivores : elle comporte des incisives, des canines, des prémolaires et des molaires. La quatrième prémolaire supérieure et la première molaire inférieure sont spécialisées en carnassières. Avec ses 36 dents au total, la denture des loutres marines est similaire à celle des autres espèces de lutrinés dulcicoles. Chez les loutres, les dents interviennent dans des opérations aussi diverses que la capture, la mise à mort de la proie et la découpe des chairs. Les carnassières sont hautes et tranchantes et aptes, par conséquent, à cisailler la peau, les muscles et à fracturer les os. Toutefois, en raison de leur localisation très postérieure dans la mâchoire des lutrinés, ces animaux doivent mastiquer leurs proies en les amenant sur le côté de la gueule.

Chez l'ours, la formule dentaire est identique à celle des autres ursidés (à l'exception de celle du panda géant). La denture de l'ours blanc est composée de 42 dents. Elle reste toutefois plus adaptée à un régime carnassier par rapport aux autres ursidés. Les canines sont massives et coniques. Elles peuvent dépasser de 5 cm la gencive chez les mâles adultes. Les molaires sont moins larges que celles des autres ours, plus robustes et fermement implantées, avec des tubercules et des cuspides plus marquées et plus pointues. Les carnassières des ours blanc se sont donc développées pour casser et broyer des os.

De multiples régimes alimentaires

L'alimentation opportuniste des cétacés à dents

Les cétacés sont donc carnivores et leur alimentation est variable non seulement d'une espèce à l'autre, mais aussi au sein d'une même espèce, d'une région à l'autre, en fonction de l'abondance des proies. Ils sont en général opportunistes et leur alimentation est en relation avec les saisons et les sites d'alimentation. Chez les odontocètes, certaines espèces mangent principalement du poisson (ichthyophages ou piscivores), d'autres s'alimentent essentiellement de calmars (teutophages) et d'autres sont les deux à la fois. Ils se nourrissent d'une grande variété de poissons vivant en bancs, ainsi que de céphalopodes de moyenne à grande taille. Les dauphins océaniques (dauphins bleus et blancs, dauphins communs, lagénorhynques) se nourrissent principalement de poissons se déplaçant en bancs (harengs, maquereaux, sardines, etc.) mais ne dédaignent pas de s'alimenter de calmars.

Les espèces côtières (comme les céphalorhynques, le béluga, le narval, les grands dauphins) mangent également des poissons vivant en bancs mais complètent leur menu par des poissons benthiques (soles, raies, baudroies, etc.), des poulpes, des crabes, des vers marins, des isopodes, des anémones de mer, etc. Les espèces dulcicoles (plataniste, inie, dauphin du Yangtsé) sont largement ichthyophages mais ajoutent de temps en temps à leur menu des crustacés fluviaux (crabes, crevettes), des mollusques, voire des tortues et des oiseaux aquatiques.

Les globicéphales, les ziphiidés et le cachalot sont en grande partie teutophages (à 80 %). Ces cétacés plongent à de grandes profondeurs pour capturer les calmars. Dans le contenu stomacal des cachalots, par exemple, on a enregistré près d'une quarantaine d'espèces de céphalopodes dont les plus grandes mesurent entre 9 m (calmar colossal, ou *Mesonychoteuthis hamiltoni*) et 12–13 m (calmar géant, ou *Architeuthis* sp.). La fausse orque, l'orque pygmée et l'orque sont les seuls cétacés capables de s'attaquer à d'autres cétacés pour se nourrir. On estime qu'un cachalot ingurgite près de 3 % de nourriture par jour par rapport à son poids corporel, une orque près de 4 %, la fausse orque autour de 5 %, le dauphin du Yangtsé entre 10 et 11 %, et un grand dauphin mange entre 3 et 6 % par jour en captivité et entre 12 et 15 % dans la nature.

La plupart des espèces sont ichthyophages et opportunistes dans leur alimentation. Le mulet (**a**) est l'alimentation de base des grands dauphins dans les eaux africaines, alors que c'est le saumon pour les orques le long des côtes nord-américaines du Pacifique (**b**). La chair du coryphène (**c**) est recherchée par les espèces subtropicales, comme la fausse orque. Dans l'Atlantique nord, la morue (**d**) est une proie de choix pour les odontocètes pélagiques et côtiers. Quant aux thonidés (**e**), leur chair rouge est appréciée par les orques et autres grands odontocètes. D'autres espèces ingurgitent des calmars (**f**) de toutes tailles et des raies pastenagues (**g**). Enfin, les crustacés comme ce crabe (**h**) ne sont pas oubliés.

L'incroyable appétit de l'orque : légende ou réalité ?

L'orque est le prédateur apex (c'est-à-dire au sommet de la chaîne alimentaire) dans l'environnement marin et son nom résonne comme « l'ogre des mers ». En réalité, cette image d'Épinal tient plus de la légende que d'autre chose. Il est vrai que ce redoutable (par son intelligence et sa vie sociale) cétacé s'attaque à peu près à toutes les créatures de moyenne et grande tailles vivant dans les mers et océans. Dans son estomac, on a enregistré plus d'une trentaine d'espèces de poissons osseux, des raies, des requins, quelques espèces de mollusques céphalopodes, une espèce de reptile marin (tortue luth), une dizaine chez les oiseaux marins, des loutres marines, un ours noir, un cerf de Virginie, une quinzaine d'espèces de pinnipèdes et près de 25 espèces de cétacés.

Toutefois, cette liste ne doit pas masquer la réalité de son régime alimentaire. Certes, certaines populations s'attaquent aux jeunes baleines et aux autres cétacés, et d'autres aiment tout particulièrement les phoques et les otaries. Cependant, beaucoup de populations d'épaulards mangent exclusivement du poisson (Canada, Groenland, Kamtchatka, Japon, Alaska, Norvège, Antarctique, etc.), du requin (Californie, Australie), de la raie (Australie), du céphalopode (Japon), du manchot (Antarctique) et ne touchent guère aux mammifères marins. Dans un même secteur de la côte ouest canadienne, autour de l'île de Vancouver, les orques nomades s'alimentent sur des mammifères marins tandis que les populations résidentes ne s'alimentent que sur du poisson (le saumon en particulier). En Antarctique, nous avons noté l'existence de plusieurs écotypes d'orques : A, B, C et D. Les orques de l'écotype A et les B de la mer de Weddell sont des chasseuses de cétacés et de pinnipèdes, alors que les B vivant le long de la péninsule Antarctique et les C sont consommatrices de manchots et de poissons (légines). L'orque est ainsi loin d'être le « monstre féroce » des mers et des océans.

Dans les eaux de la péninsule Antarctique, chaque écotype d'orque possède son propre régime alimentaire. Les orques de l'écotype A sont des chasseuses de mammifères marins, tandis que la plupart des orques de l'écotype B sont exclusivement des mangeuses de manchots.

La grande bouffe des baleines et des rorquals

Les mysticètes sont essentiellement planctophages et se nourrissent donc de petits organismes qui forment le plancton, et surtout des crustacés euphausiacés connus sous le terme norvégien de krill. Parfois, des céphalopodes, divers crustacés pélagiques et benthiques, des mollusques (cliones ou papillons de mer) et surtout des poissons (vivant en bancs comme le capelan, le hareng, la sardine, le lançon, etc.) complètent leurs repas. Certaines espèces comme le petit rorqual sont plutôt ichtyophages alors que d'autres comme le rorqual bleu s'alimentent exclusivement de crustacés euphausiacés. Les baleines franches sont surtout planctophages et la baleine boréale s'alimente essentiellement de krill et de copépodes. La baleine grise se nourrit d'amphipodes en été et ingurgite des mollusques, des vers polychètes, des crabes juvéniles et quelques poissons en hiver.

On constate également une alimentation différente selon les hémisphères. Dans l'hémisphère nord, là où le poisson est abondant dans les eaux froides et tempérées estivales, les rorquals se nourrissent en grande partie de poissons, alors que dans l'hémisphère sud, le krill antarctique constitue principalement l'alimentation de base de la majorité des baleinoptères.

L'ange de mer (**a**), ou clione, est souvent ingurgité par les baleines boréales dans l'Arctique, mais aussi par les rorquals dans l'océan Austral. Les crustacés de la famille des euphausiacés sont au menu des rorquals, tel ce krill antarctique (**b**) *Euphausia superba*.

La saison d'alimentation chez ces animaux, du moins chez les espèces migratrices comme les rorquals, dure en moyenne 120 jours. Durant cette période, les rorquals consomment quotidiennement 4 % de leur masse corporelle, soit une dépense énergétique de 1,5 à 2 % de la masse corporelle par jour en moyenne répartis sur l'année. Les engouffreurs (voir plus bas) – que sont les rorquals – se nourrissent par bouchées ou filtrations. Chaque bouchée consiste à ouvrir la gueule et à la fermer pour ensuite filtrer l'eau et retenir la nourriture.

Un rorqual bleu de 28 m de long effectue, dans la journée, 79 filtrations et consomme 4 tonnes de krill. Un rorqual commun de 22 m de long et de 62 tonnes ingurgite 2 tonnes de nourriture en 73 filtrations. Chez le petit rorqual, c'est 710 kilos de nourriture en 355 filtrations. Les grands rorquals n'ont besoin que de 80 à 130 filtrations de 30 secondes chacune pour avoir leur ration quotidienne en nourriture. Ils ne passent ainsi que 40 à 65 minutes par jour à filtrer leur nourriture. Par contre, le petit rorqual passe près de 3 heures quotidiennement à s'alimenter : c'est l'espèce – chez les mysticètes – qui y dépense le plus d'énergie. D'ailleurs, il est connu pour ses comportements alimentaires spectaculaires, comme ses sauts d'alimentation appelés « précipitations alimentaires ». Au bout des 120 jours passés à se nourrir, un rorqual bleu de 120 tonnes ingurgite quelque 480 tonnes de krill et augmente son poids de près de 49 % durant cette saison d'alimentation.

Après avoir piégé, en nageant sous l'eau, des groupes de crustacés d'un banc de krill antarctique, ce rorqual à bosse émerge, la gueule remplie d'eau et de nourriture. Dans les secondes qui suivent, il filtrera sa nourriture en évacuant l'eau à travers ses fanons.

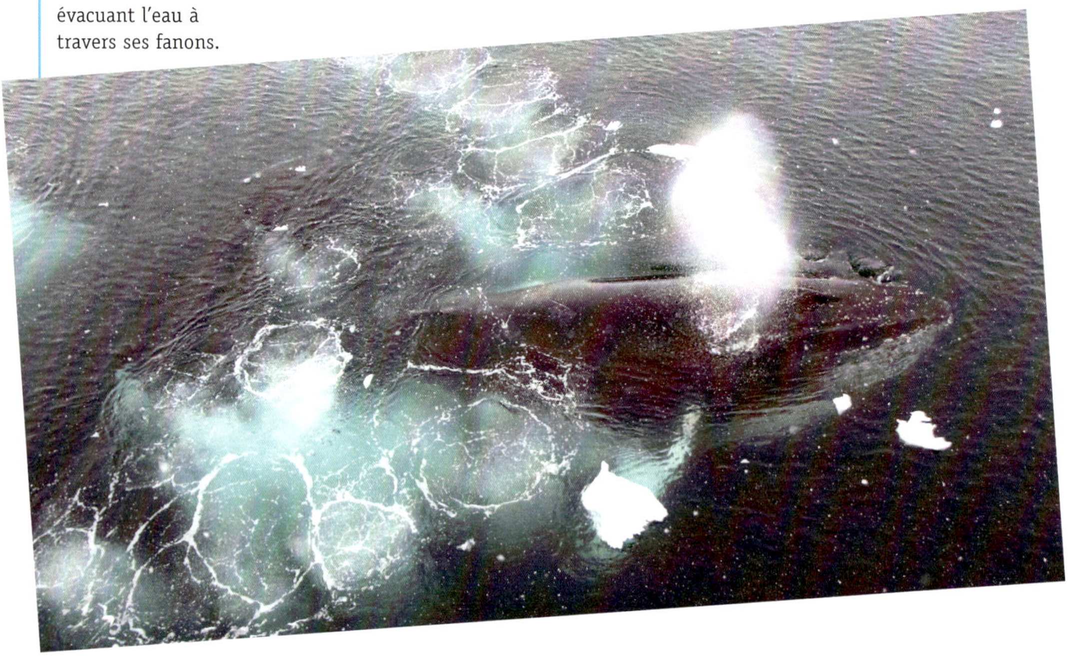

Un nouvel organe sensoriel destiné à l'alimentation

Des biologistes canadiens et étasuniens ont découvert, en 2012, chez le rorqual commun, un organe sensoriel enfoui au fond de la mâchoire inférieure. De la taille d'un pamplemousse, il est coincé à la pointe du menton, entre les deux mandibules, et inséré dans le tissu ligamentaire. Il est fort probable que cet organe (qui serait également présent chez les autres rorquals) servirait à détecter la densité des proies dans l'eau et provoquerait l'ouverture des mâchoires, ce qui permettrait d'ouvrir la gorge à pleine capacité (avec rotation des mandibules, inversion de la langue et élargissement des sillons ventraux).

Les techniques d'alimentation chez les mysticètes

On constate trois techniques d'alimentation chez les mysticètes : les engouffreurs, les écrémeurs et les ratisseurs.

• Les engouffreurs avalent par bouchées. Ils se déplacent bouche grande ouverte au milieu d'un banc de krill ou de poissons, de copépodes ou de céphalopodes, et engloutissent un immense volume d'eau et de proies. Leurs sillons ventraux se détendent, gonflant alors la partie inférieure de la bouche et formant une énorme « poche ». Cette poche peut contenir jusqu'à 30 000 litres d'eau de mer chez le rorqual bleu. Ils ferment ensuite leur bouche et évacuent aussitôt l'eau qu'elle contient en la filtrant à travers les fanons. Cette technique est utilisée par les rorquals et, de temps en temps, par la baleine grise.

• Les écrémeurs avalent en filtrant l'eau. Ces cétacés avancent lentement, gueule grande ouverte. L'eau chargée de copépodes pénètre dans la gueule avant d'être filtrée sur les côtés de la bouche en continu par les très longs fanons latéraux. Seules les baleines franches (baleine boréale comprise) ont recours à cette méthode.

• Les ratisseurs aspirent la vase et les proies benthiques vivant sur le fond (mollusques, crustacés, vers marins). Ces mysticètes nagent sur un flanc, longent les fonds, les raclent avec leur bouche, aspirent une certaine quantité de vase qu'ils rejettent de l'autre côté, retenant les proies dont ils se nourrissent. Seules les baleines grises pratiquent cette technique.

Deux mysticètes engouffreurs. La mâchoire supérieure du rorqual à bosse (**a**) émerge complètement, montrant son palais et les deux rangées de fanons. La tête du petit rorqual (**b**) sort à la surface, gueule fermée et la gorge gonflée d'eau, qui s'évacue le long des commissures de la bouche.

Une vie passée à brouter

Les siréniens sont bien les seuls mammifères marins herbivores. La grosseur de leur corps est dictée par les exigences de l'alimentation et de la régulation de la température. Lamantins et dugongs (c'était aussi le cas pour la rhytine de Steller) passent une grande partie de leur temps à « brouter ». Ces animaux mangent à la fois des plantes (surtout des graminées) sous-marines et des algues, et ne dédaignent pas, parfois, quelques crustacés et poissons au passage. Le lamantin d'Amazonie ingurgite par exemple 24 espèces de plantes dulcicoles et l'appétit du lamantin d'Amérique se porte sur 44 espèces de plantes spermaphytes et sur 10 espèces d'algues. Les plantes aquatiques sont peu diversifiées comparées aux plantes terrestres : elles sont dépourvues d'espèces aux grains riches en énergie qui facilitent la subdivision en niches écologiques. Et pourtant, les siréniens n'entrent en concurrence avec aucun herbivore marin ou dulcicole.

Le lamantin africain est opportuniste dans son alimentation. Il mange aussi bien des plantes aquatiques que des invertébrés (surtout des mollusques) et des poissons qu'il trouve au passage. Les plantes marines constituent 50 % du régime alimentaire des individus côtiers.

Il n'est pas inhabituel de les observer gratter les sédiments pour y trouver les racines des plantes aquatiques qu'ils consomment. Avant de manger les racines, le dugong, par exemple, se débarrasse du sable, des coraux et autres petits animaux non comestibles en secouant fortement et à plusieurs reprises ses paquets d'algues et de plantes aquatiques. On l'a même observé entassant les plantes arrachées ou déterrées. Il laissait ce tas de plantes et d'algues reposer, le temps nécessaire pour que le sable se dépose et que les animaux qui y vivent s'enfuient. Après quoi, il entamait son repas. Gros mangeurs, les dugongs adultes ingurgitent entre 7 et 8 % de leur poids corporel chaque jour, et les lamantins, près de 7 %. Les jeunes consomment beaucoup plus que leurs aînés : 14 % pour les dugongs et 16 % pour les lamantins. Le lamantin d'Amérique adulte consomme entre 40 et 50 kg de plantes et d'algues dans la journée.

Tout fait ventre pour les pinnipèdes !

Les pinnipèdes sont carnivores et opportunistes dans leurs choix alimentaires. Certaines espèces sont spécialisées sur des proies mais la plupart s'alimentent sur ce qu'elles trouvent au cours de l'année. Leur régime alimentaire est dépendant de la saison, de la localisation et aussi de l'âge des individus. Poissons, crustacés (surtout le krill dans l'hémisphère sud) et mollusques (plus spécialement les céphalopodes) composent les aliments ingurgités. Si les proies sont petites, elles sont avalées sous l'eau, mais si elles sont plus grosses, elles sont dans ce cas ramenées vers la surface et consommées en morceaux.

Certaines espèces ne dédaignent pas les oiseaux marins dans leur menu : c'est le cas de l'otarie à fourrure de Nouvelle-Zélande (avec les gorfous), de l'otarie à fourrure antarctique (gorfous macaronis et manchots papous), de l'otarie à fourrure subantarctique (gorfous), de l'otarie à fourrure du Nord (pétrels, plongeons et macareux), de l'otarie à fourrure d'Afrique du Sud (manchots), du lion de mer australien (manchots et gorfous), du morse (guillemots) et du léopard de mer (manchots et autres oiseaux australs).

Enfin, certains pinnipèdes n'hésitent pas à s'attaquer à d'autres espèces de leur groupe : les lions de mer d'Amérique du Sud chassent et tuent des jeunes et des femelles adultes d'otaries à fourrure sud-américaines. Le lion de mer de Steller est un prédateur pour les otaries à fourrure du Nord, les phoques annelés, les phoques communs et aussi pour les loutres de mer.

Le morse est également connu pour son appétit envers d'autres pinnipèdes arctiques (phoques du Groenland, barbus, marbrés, tachetés). Lui et les phoques léopards sont quelquefois nécrophages. Le morse, notamment, se nourrit sur des cadavres de phoques, voire de narvals, lorsque ces derniers sont tués par des Inuits et abandonnés sur les plages. Le phoque léopard, si la nourriture manque – ce qui est rare – peut se nourrir sur des cadavres de pinnipèdes, voire de baleines échouées.

Le léopard de mer est bel et bien un cas spécial en Antarctique : il est le plus carnivore des pinnipèdes antarctiques et le principal prédateur (derrière l'orque) des autres phoques et otaries australs. Les cinq espèces de phocidés endémiques à l'Antarctique ont chacune un régime spécifique : le phoque de Weddell se nourrit essentiellement de poissons, le phoque crabier de krill, le phoque de Ross de calmars et l'éléphant de mer de poissons des profondeurs (poisson-lanterne). Après l'orque (dont il est la proie), le phoque léopard est le principal prédateur. Son régime alimentaire est constitué à 50 % de krill, à 15 % de poissons et céphalopodes, et à 35 % d'oiseaux marins (principalement de manchots) et de pinnipèdes (surtout des jeunes de phoques crabiers, de phoques de Weddell, d'éléphants de mer et d'otaries à fourrure).

Le morse est probablement le pinnipède le plus spécialisé dans un type de chasse et de nourriture. Même opportuniste, ce pinnipède se nourrit essentiellement d'invertébrés benthiques (près de 40 espèces), notamment de mollusques (myes à 60 voire 80 %, ainsi que coques et moules). Il consacre près de 17 heures par jour à fouiller les fonds sablonneux ou vaseux à la recherche des bivalves benthiques. Il laboure la vase de son museau et détecte avec ses vibrisses les

a

b

Le phoque léopard est, après l'orque, le prédateur apex en Antarctique (**a**). Il se nourrit de krill, mais il est aussi connu comme un chasseur de manchots. Certains, comme ce manchot royal en Géorgie du Sud (**b**), arrivent à échapper à ses redoutables mâchoires mais en gardent quelques cicatrices.

mollusques cachés. Il creuse alors et aspire le corps mou des mollusques par de puissantes succions, tout en laissant la coquille vide sur le fond. On a calculé qu'il faut 6 000 coquillages en moyenne pour satisfaire son appétit quotidien et qu'il ingurgite 6 mollusques à la minute. Chaque jour, il avale de la sorte entre 45 et 60 kg de nourriture en moyenne, tout en étant capable d'ingurgiter jusqu'à 145 kg de mollusques dans la journée, soit entre 5 et 12 % de son poids.

Les phocidés ingurgitent quotidiennement entre 4 et 10 % de leur masse corporelle et les otariidés, entre 6 et 23 %. Chez le phoque crabier, ce rapport est de 7 %, de 8 % pour le phoque à capuchon, 5 % pour le phoque gris, 15 % pour le lion de mer de Californie et entre 19 et 23 % pour l'otarie à fourrure antarctique.

Cannibalisme chez les mammifères marins

Chez les mammifères marins, le cannibalisme est uniquement avéré chez les espèces de l'ordre des carnivores, c'est-à-dire les pinnipèdes et les ursidés. Chez les phoques et les otaries, ce comportement reste toutefois un événement occasionnel. On en connaît quelques cas chez le phoque gris sur l'île Amet en Nouvelle-Écosse (Canada) où les mâles adultes s'attaquent aux jeunes individus de leur espèce pour les manger. En Océanie, les lions de mer de Nouvelle-Zélande mâles adultes ajoutent à leur menu des jeunes de leur propre espèce. On dit aussi que les morses adultes mâles sont cannibales mais cela reste toujours à vérifier.
Le cannibalisme est malheureusement un phénomène qui prend de l'ampleur chez l'ours blanc. Déjà, dans sa tanière et durant les périodes de famine, la femelle est parfois amenée à tuer et manger l'un de ses oursons, parfois les deux. Une fois nés et sortis de la tanière maternelle, les oursons (même accompagnés par leur mère) sont la proie des ours mâles adultes qui, par opportunité, s'attaquent au trio mère et oursons pour tuer et manger les jeunes. Le cannibalisme semble augmenter chez cette espèce avec le réchauffement climatique. Les ours blancs trouvent de moins en moins de nourriture à cause des courtes périodes de banquise, et se rabattent bien souvent sur les oursons ou les ours juvéniles solitaires pour satisfaire leur appétit.

Le cannibalisme est présent chez les ours blancs. Les mères évitent les mâles et doivent parfois se battre avec eux pour protéger leurs oursons. Il arrive pourtant que certains parviennent à leurs fins, comme ce mâle adulte promenant la carcasse de l'ourson qu'il a tué pour se nourrir.

Des mangeuses de fruits de mer

Les loutres de mer sont de grandes consommatrices d'invertébrés marins côtiers. L'espèce sud-américaine consomme volontiers des poissons de roche, des crustacés (crabes-araignées), des mollusques, des oursins et des annélides. Elle s'aventure dans l'embouchure des rivières où elle s'alimente aussi de crevettes d'eau douce. La loutre de mer du Pacifique nord apprécie, elle aussi, particulièrement les invertébrés benthiques tels les oursins, les ormeaux et divers autres mollusques (palourdes, poulpes), les crustacés (crabes), les étoiles de mer et quelques poissons de roche. Depuis une trentaine d'années et pour une raison encore inconnue, elle s'attaque aux oiseaux qu'elle mange ensuite : grèbes, goélands, plongeons, macreuses (en Californie), sarcelles, cormorans, fulmars et puffins (Alaska).

Dans le Pacifique nord, la loutre marine mange énormément. Son taux métabolique est deux à trois fois plus important que n'importe quel mammifère de sa taille. Elle consomme ainsi entre 23 et 33 % de son poids corporel dans la journée (soit près de 4 300 à 5 700 calories quotidiennement). Cette espèce fait partie du groupe restreint des mammifères utilisateurs d'outils pour casser, broyer et ouvrir leurs aliments. Elle utilise une pierre ou frappe deux coquillages pour les fendre. Chaque individu a un régime alimentaire différent et une façon particulière de ramasser et d'ouvrir les coquillages dont il se nourrit. Ce sont là des coutumes héréditaires que la mère transmet involontairement à ses petits. La loutre marine sud-américaine n'utilise pour sa part pas d'outils pour s'alimenter.

Menu de la loutre de mer du Pacifique nord :
crabes et autres crustacés (**a**),
étoiles de mer (**b**),
bivalves et autres mollusques à coquilles (**c**),
pieuvres et autres céphalopodes (**d**).

À la table du seigneur arctique

De tous les ursidés, l'ours blanc est celui qui mange le plus de viande. En hiver, il se nourrit de phoques, alors qu'en été son régime alimentaire change drastiquement selon ce qu'il trouve. Il consomme alors des œufs, des lemmings, des poissons (salmonidés dans les rivières), des oiseaux (goélands, canards, bernaches, plongeons, etc.), du lichen, des mousses et des charognes de caribous, de bœufs musqués ou de cétacés échoués. Cet ursidé chasse surtout les pinnipèdes et traque les phoques sur le rivage (Canada et Groenland) et les morses (essentiellement au nord de la Russie) dans leurs colonies. Il s'avance lentement vers sa proie, s'immobilise quand elle regarde dans sa direction, puis la poursuit sur les 15 à 30 derniers mètres à une vitesse de 55 km/h. Ou bien il attend à l'affût, sans bouger, devant le trou de respiration du phoque et le saisit lorsque celui-ci fait surface. Il lui mord la tête ou le tue d'un violent coup de patte. Il le traîne ensuite sur une courte distance avant d'en dévorer la graisse et les intestins, puis la viande. Les phoques marbrés – surtout les nouveau-nés – sont ses proies principales en hiver. Les femelles du phocidé mettent au monde leur petit dans des cavités formées par l'enchevêtrement des glaces et auxquelles elles accèdent par un trou de respiration sous la banquise. À la surface, rien ne révèle cet abri, mais les ours détectent néanmoins leur présence sous la glace. Alors, ils creusent la neige, se dressent sur les pattes arrière et fracassent la glace d'un coup des pattes avant : il ne leur reste plus qu'à tirer les phoques (mère et jeune) de leur abri effondré. Si la couche de glace est mince, l'ours s'abat directement sur ses proies.

En été, la nourriture se faisant rare, les ours blancs chassent les bélugas emprisonnés dans les baies à marée basse. C'est le cas ici, dans la baie de Cunningham sur l'île du Prince-de-Galles au Nunavut (Canada).

L'ours blanc consommerait près de 6 phoques par mois durant 6 mois de l'année. D'autres études suggèrent que ce grand carnivore arctique ingurgiterait annuellement entre 50 et 73 phoques marbrés. Il arrive que les ours blancs rencontrent en hiver des narvals et des bélugas prisonniers dans des polynies (zones sans glace qui se forment au milieu d'une banquise) ou piégés en été dans des trous d'eau (*savssats*). Ils se jettent alors sur les cétacés pour les dévorer. Parfois des troupeaux entiers de cétacés sont piégés et attirent un grand nombre d'ours blancs.

Particularités du système digestif des mammifères aquatiques

Le système digestif des cétacés est un peu spécial car il est similaire à celui des autres cétartiodactyles terrestres, notamment celui des vaches, à savoir qu'il comporte un estomac à quatre compartiments (ou poches stomacales). Comme ces mammifères marins ne mâchent pas, c'est l'estomac qui assure le « broyage » des aliments. Chacune des poches stomacales a un rôle particulier dans le processus de digestion. La première poche dégrossit les aliments en les broyant puis la deuxième attaque cette nourriture broyée par des sucs digestifs et de l'acide chlorhydrique. Broyée et liquéfiée, cette nourriture est envoyée dans une troisième poche où les enzymes parachèvent le travail. Le tout est ensuite acheminé dans une quatrième et dernière poche constituée d'une ampoule duodénale extraordinairement dilatée. Enfin les intestins des cétacés représentent entre 5 et 6 fois la longueur corporelle des animaux chez les mysticètes et de 10 à 15 fois chez les odontocètes (ceux du cachalot peuvent atteindre 200 m de long).

Baleine franche australe dont on voit bien ici les fanons.

Les siréniens sont de véritables brouteurs et, contrairement aux bovidés et autres cétartiodactyles, leur estomac n'est pas compartimenté. L'intestin est long. Celui d'un lamantin de 2,40 m fait une longueur de 13,10 m (5,50 m pour le gros intestin et 7,60 m pour le petit). Entre le gros intestin et l'intestin grêle, on trouve un gros *caecum* avec une paire de diverticules. La digestion de la cellulose (et des mécanismes spéciaux anti-herbivores acquis par de nombreuses plantes, tels que spinules de silice chez les graminées, tanins, nitrates et oxalates chez les autres plantes aquatiques) par des bactéries symbiotiques a lieu dans la partie postérieure du tractus gastro-intestinal. Cela permet aux siréniens de transformer un volume élevé (qui correspondrait à 5 à 15 % de leur poids corporel) de fourrage médiocre en énergie et en substances nutritives.

Le système digestif des pinnipèdes, notamment celui du lion de mer du Nord, est similaire au nôtre, sauf que leurs intestins sont entre 8 et 25 fois plus longs que leur taille corporelle.

En règle générale, le système digestif des carnivores aquatiques (pinnipèdes, loutres marines et ours blanc) est pratiquement similaire aux autres carnivores terrestres ainsi qu'au nôtre, à ceci près que les intestins des pinnipèdes sont relativement très longs. Ceux du lion de mer de Californie font 8 fois la longueur corporelle de l'animal, ceux du phoque gris 13 fois et ceux de l'éléphant de mer 25 fois. Cette longueur des intestins est étonnante car leurs proies ne semblent pas particulièrement difficiles à digérer. On peut donc penser que ce détail anatomique est dû au fait que les pinnipèdes font de longues immersions, et donc de longues apnées, lorsqu'ils recherchent leurs proies et que, durant ces plongées, le système digestif n'est pratiquement plus irrigué par le sang. Cette grande longueur en maximise l'efficacité pendant les périodes passées en surface, ou à terre, quand il est irrigué normalement.

Cette jeune otarie à fourrure de l'Antarctique s'amuse à chasser un manchot papou, sur l'île de la Géorgie du Sud. À l'âge adulte, si elle s'intéresse à ces oiseaux, ce sera pour s'en nourrir : les pinnipèdes sont avant tout des carnivores.

Selon les Inuits du Groenland, les morses s'attaquent aux autres phoques. En effet, les Inuits ont trouvé des cadavres de phoques marbrés avec d'étranges trous dans le corps, et ils pensent que les morses aspirent et consomment la graisse des phoques.

Une cohabitation forcée avec les humains

Une cohabitation forcée avec les humains

Août 2017, sud de l'île Devon, Nunavut, Arctique canadien. Il fait gris et, déjà, une nappe de brouillard commence à envahir le paysage désertique de l'immense baie Croker. Avec un Zodiac, je me dirige vers un gigantesque glacier où, un an auparavant, j'avais rencontré un jeune narval. Soudain, sur une berge rocheuse, je remarque une ombre blanche qui marche. Il s'agit d'un ours blanc. Je m'approche de lui et l'observe en toute sécurité, à quelques dizaines de mètres. Il se déplace tranquillement, reniflant le moindre caillou à la recherche d'une nourriture.

C'est l'été et les ours blancs n'ont pas grand-chose à se mettre sous la dent. Ils doivent attendre la formation de la banquise d'hiver, à condition que celle-ci arrive au plus vite. En effet, le milieu naturel de l'ours blanc est fragile, menacé par le réchauffement climatique, que je constate dans cette partie de la planète. Chaque année, la banquise tarde de plus en plus à se former, ce qui force ces mammifères marins à rester plus longtemps sur la terre ferme et à jeûner. Le jeûne forcé des ours blancs est à la hauteur des nombreux obstacles que baleines, dauphins, phoques et loutres marines subissent d'année en année pour survivre sur notre planète.

Page précédente
Face-à-face avec des dauphins tachetés pantropicaux (*Stenella attenuata*). Les cétacés sont curieux des humains. Certains individus n'hésitent pas à coopérer avec les pêcheurs pour piéger et attraper des poissons. Toutefois, l'*Homo sapiens* n'est pas toujours sympathique avec les mammifères marins.

Des records de longévité chez les mammifères marins ?

Deux exemples de longévité maximale chez les cétacés : 24 ans pour le marsouin commun (**a**) ; 70 ans pour l'orque (**b**) mâle et 140 ans pour la femelle.

Au XVIIIe siècle, les savants européens pensaient qu'une baleine de « 100 mètres » de long pouvait vivre jusqu'à 1 000 ans. La longévité des cétacés est loin d'être aussi importante, toutefois elle est bien supérieure à celle des mammifères terrestres. Les odontocètes ont une durée de vie moyenne d'une trentaine à une quarantaine d'années. Cela va de 24 ans pour le marsouin commun jusqu'à 102 ans pour l'orque femelle (avec une moyenne de 90 ans chez elle, et de 70 ans chez le mâle). Les dauphins océaniques vivent en général une trentaine d'années, jusqu'à 45 ans pour les mâles et 55 ans pour les femelles chez le grand dauphin. Chez ces cétacés à dents, les espérances de vie sont souvent très éloignées de celles des mysticètes. Les rorquals peuvent ainsi vivre au-delà de 90 ans : 111 et 140 ans, respectivement chez le rorqual bleu et le rorqual commun. Le record de longévité étant détenu, non seulement chez les cétacés, mais tous mammifères confondus, par la baleine boréale : 211 ans !

Chez les siréniens, la longévité ne surpasse pas celle des cétacés à fanons, mais elle est proche de celle de leurs cousins les éléphants (86 ans chez un éléphant d'Asie), avec lesquels ils sont liés génétiquement : jusqu'à 60 ans pour le lamantin d'Amérique et 73 ans pour le dugong.

La moyenne de longévité chez les pinnipèdes, plus réduite que celle des cétacés et des siréniens, se situe entre 15 et 25 ans (toutes espèces confondues). Entre phocidés et otariidés, l'avantage va aux premiers : la moyenne chez les phoques est de 25 ans, pour 17-18 ans chez les otaries et autres lions de mer. Les longévités les plus importantes ont été enregistrées chez le phoque de la mer Caspienne (50 ans) et chez le phoque de Baïkal (52 ans pour les mâles et 56 ans pour les femelles). Il est à noter que chez certaines espèces de pinnipèdes polygames formant des harems, l'espérance de vie des mâles – surtout celle des dominants – est très courte. Chez les éléphants de mer, si les femelles peuvent atteindre une longévité de 30 ans, un peu plus de 75 % des mâles meurent avant l'âge de la maturité (5 ans) et entre 86 et 93 % des mâles ne survivent pas au-delà de 8-9 ans.

Si la longévité maximale est de 30 ans chez les éléphants de mer, près de 90 % des mâles n'atteignent pas l'âge de 9 ans. (**a**) Colonie de mâles immatures dans l'archipel des Shetland du Sud (Antarctique). (**b**) Jeune mâle essayant de s'accoupler à une femelle immature, Gold Harbour (Géorgie du Sud).

Chez les autres carnivores marins, la longévité est encore plus courte que celle des pinnipèdes. Celle de la loutre de mer du Pacifique nord est de 15-20 ans, et celle de l'ours blanc, d'une vingtaine d'années en moyenne et d'une trentaine d'années au maximum (dans la nature), et bien plus en captivité (38 ans pour une femelle et 41 ans pour un mâle)

L'état des populations

Depuis la Préhistoire, et malgré leur longévité parfois longue, les mammifères marins ont été la cible des humains. Des dessins rupestres vieux de cinq mille ans nous informent que les premiers Asiatiques (Corée du Sud et Japon) chassèrent les cétacés le long de leurs côtes. Ce fut également le cas des Amérindiens et des Inuits, qui ciblèrent les pinnipèdes et les loutres de mer. Les premières chasses « industrielles » commencèrent au IXe siècle avec les Basques français et espagnols, dont les victimes furent les baleines franches noires. Ayant décimé cette espèce le long des côtes basques, ils armèrent des navires au long cours dont les baleines franches et baleines boréales firent les frais au XIIe siècle dans les eaux islandaises et groenlandaises, puis au XVIe siècle dans les eaux nord-américaines du Labrador et du Saint-Laurent. Aujourd'hui, on estime entre 300 et 400 le nombre de baleines franches noires dans l'Atlantique nord, alors que leur population était évaluée à 13 500 individus avant la chasse industrielle.

À la fin du XVIIIe siècle, les Norvégiens se spécialisèrent dans la chasse baleinière à grande échelle. Ils améliorèrent le canon-harpon, puis allèrent chercher un grand nombre de rorquals dès 1904 dans les eaux antarctiques. Ils furent suivis par les Anglais, les Allemands, les Argentins, les Russes, puis plus tard les Japonais. Ce fut alors le grand massacre. Entre 1904 et 1966, cette industrie tua quelque 175 000 grands cétacés (petit rorqual, baleine franche, mégaptère, rorqual de Rudolphi, rorqual commun et rorqual bleu) dans l'océan Austral.

L'effectif cétacéen a drastiquement diminué. Dans l'hémisphère sud, on l'estime aujourd'hui au vingtième du stock initial pour le rorqual commun, et au centième pour le rorqual bleu. Les grands cétacés sont de nos jours protégés par des réglementations nationales et internationales ; seuls quelques pays (Japon, Norvège et Islande) insistent pour perpétuer cette activité d'un autre âge, qui devrait s'arrêter d'elle-même car devenue trop onéreuse et peu rentable (par manque de demande de viande de baleine sur le marché). Il existe toutefois des chasses de subsistance (dites « chasses aborigènes ») de cétacés, de pinnipèdes, voire d'ours blancs, dans certains pays où la viande est rare. Dans ces circonstances, celle des mammifères marins est essentielle pour la survie des populations humaines (Groenland, Canada, Russie, États-Unis).

Le globicéphale noir est l'un des dauphins les plus communs dans les eaux septentrionales de l'Atlantique nord. Sur une population mondiale estimée à 1 million, près de 800 000 individus vivent entre les côtes canadiennes et européennes.

Difficile de vivre sur la même planète que les humains

Chassés par les autochtones pour leur viande, tués par de riches chasseurs pour leur crâne et leur fourrure, les ours blancs compteraient entre 20 000 et 25 000 individus. Ils doivent aussi faire face au réchauffement climatique.

Même si tous les mammifères marins jouissent aujourd'hui d'une protection, ils sont de plus en plus exposés à de nouveaux dangers créés par l'homme. Dans cette période géologique appelée « anthropocène », la planète connaît des changements rapides dus aux activités humaines. Dans les mers et les océans, mammifères marins et autres habitants aquatiques subissent la surpêche (entraînant notamment la diminution des poissons et augmentant ainsi le nombre de méduses), la hausse du niveau de la mer, la pollution chimique et sonore, l'augmentation du trafic maritime, un accroissement de l'acidité, l'arrivée de nouveaux virus, etc.

Au cours des années 1970 et 1980, les environnementalistes étaient en alerte vis-à-vis des filets dérivants (qui tuèrent, au passage, de nombreux mammifères marins) et de la pollution chimique (pesticides et autres). Aujourd'hui, d'autres dangers s'additionnent, tout aussi terrifiants : le réchauffement climatique et l'invasion du plastique. On note quelques changements dans

les courants sous-marins dans l'Atlantique et le Pacifique, qui risquent de perturber la salinité des océans et la température des eaux. À cela s'ajoute un réchauffement global que l'on perçoit chaque année avec la diminution de la banquise estivale en Arctique, dérangeant la reproduction des pinnipèdes et raréfiant la nourriture des ours blancs. Quant au plastique, il est devenu malheureusement omniprésent partout dans les mers et océans. *The New Plastics Economy*, un rapport réalisé en 2016 par le World Economic Forum et la fondation Ellen MacArthur avec le cabinet McKinsey, estime à 150 millions de tonnes la quantité de déchets plastiques présente dans les mers et les océans. On ne compte plus le nombre de mammifères marins trouvés morts sur les plages ou bien dérivant, étouffés par des sacs en plastique.

L'espoir est là

Néanmoins, on constate un grand changement dans la mentalité de tout un chacun. En effet, de plus en plus de jeunes s'intéressent à la nature et aux mammifères marins et prennent conscience qu'il faut non seulement protéger ceux-ci, mais aussi la planète. Depuis quelques décennies, l'écotourisme se développe et, dans le monde entier, on propose des croisières pour observer baleines, phoques, loutres marines et ours blancs. Selon l'IFAW (*International Fund for Animal Welfare*), plus de 13 millions de personnes ont pris le bateau en 2008 pour observer des cétacés et autres mammifères marins. La tendance est toujours à l'augmentation avec l'arrivée de nouveaux pays – et pas des moindres car ils sont les principaux États baleiniers – dans la course au tourisme baleinophile : Japon, Islande et Norvège. Sur la terre ferme, l'opinion publique est de plus en plus opposée à la détention des cétacés en captivité. Le nombre de delphinariums diminue dans les pays occidentaux (notamment en Europe et en Amérique du Nord) et on capture de moins en moins de cétacés à cette fin. Enfin, poussés par leurs électeurs et le public, les gouvernements instaurent de nouveaux réglements visant à réduire dans les mers et les océans les sources de pollution, qu'elles soient chimiques ou plastiques, pour le bien-être de la planète et, indirectement, des mammifères marins.

Bibliographie

De nombreux articles, publiés dans des revues spécialisées, ont été consultés lors de la rédaction de cet ouvrage. Il serait fastidieux d'en dresser une liste complète. Les titres mentionnés ci-dessous concernent non seulement des livres de vulgarisation, mais aussi quelques ouvrages scientifiques de référence, pour la plupart rédigés en anglais.

Berta S., 2012. *Return to the Sea: The life and evolutionary times of marine mammals*, University of California Press, Berkeley, États-Unis, 205 p.

Berta A., 2016. *Whales, Dolphins & Porpoises. A natural history and species guide*, Ivy Press, East Sussex, États-Unis, 288 p.

Berta A., Sumich J.L., Kovacs K.M., 2006. *Marine Mammals. Evolutionary biology*. Academic Press, San Diego, États-Unis, 547 p.

Bonner W.N. 1990. *The Natural History of Seals*, Facts on Files, New York, États-Unis, 196 p.

Boyd I.L., Bowen W.D., Iverson S.J. (eds), 2010. *Marine Mammal Ecology and Conservation*, Oxford University Press, New York, États-Unis, 450 p.

Budker P., 1957. *Baleines et baleiniers*, Horizon de France, Paris, 193 p.

Chanin P., 1985. *The Natural History of Otters*, Christopher Helm, Londres, Royaume-Uni, 179 p.

Cousteau J.-Y., Paccalet Y., 1986. *La Planète des baleines*, Robert Laffont, Paris, 279 p.

Darby A., 2008. *Harpoon: Into Heart of Whaling*, Da Capo Press, Cambridge, États-Unis, 300 p.

Dudok Van Heel W.H., 1974. *Extraordinaires dauphins*, Rossel Éd., Paris/Bruxelles, France/Belgique, 141 p.

Fontaine P.-H., 2005. *Baleines et phoques : biologie et écologie*, Éd. Multimondes, Québec, 432 p.

Geraci J.R., Lounsbury V.J., 1993. *Marine Mammals Ashore: A field guide for strandings*, Texas A&M Sea Grant Publ., Galveston, États-Unis, 304 p.

Gilders M.A., 1995. *Reflections of a Whale-Watching*, Indiana University Press, Indianapolis, États-Unis, 270 p.

Grassé P.-P. (ed.), 1955. *Traité de zoologie. Anatomie, systématique, biologie. Mammifères. Les ordres : Anatomie, éthologie, systématique*, tome XVII, Masson et Cie, Paris, 1 170 p.

Hoyt E., 2017. *Encyclopedia of Whales, Dolphins and Porpoises*, Firefly Books, Richmond Hill, Ontario, États-Unis, 300 p.

Jefferson T.A., Webber M.A., Pitman R.L., Gorter U., 2015. *Marine Mammals of the World: A comprehensive guide to their identification*, Elsevier & Academic Press, Londres/San Diego, Royaume-Uni/États-Unis, 608 p.

King J.E., 1983. *Seals of the World*, London & Oxford University Press, Royaume-Uni, 240 p.

Mann J. Connor R.C., Tyack P.L., Whitehead H. (eds), 2000. *Cetacean Societies: Field Studies of Dolphins and Whales*, The University of Chicago Press, 433 p.

Masson C.F., MacDonald S.N., 1986. *Otters: Ecology and conservation*, Cambridge University Press, États-Unis, 236 p.

Marsh H., O'Shea T.J., Reynolds III J.E., 2011. *Ecology and Conservation of the Sirenia. Dugongs and Manatees*, Cambridge University Press, États-Unis, 521 p.

Marx F.G., Lambert O., Uhen M.D., 2016. *Cetacean Paleobiology*, Wiley Blackwell, Oxford, Royaume-Uni, 319 p.

Mazin J.-M., de Buffrénil V. (eds). 2001. *Secondary Adaptation of Tetrapods to Life in Waters*, Proceeding of the international meeting Poitiers, 1996, Verlad Dr. Friedrich Pfeil, Munich, Allemagne, 367 p.

Miller D.L., 2007. *Reproductive Biology and Physiology of Cetacea: Whales, dolphins and porpoises*, vol. 7, Reproductive Biology and Phylogeny, Science Publishers, Enfield, États-Unis, 428 p.

Ovsyanikov N., 1996. *Polar Bears: Living with the white bear*, Raincoast Books, Vancouver, Canada, 144 p.

Perrin W.F., Würsig B., Thewissen J.G.M. (eds). 2002. *Encyclopedia of Marine Mammals*, Academic Press, San Diego, États-Unis, 1 414 p.

Prothero D.R., 2006. *After the Dinosaurs: The Age of mammals*, Indiana University Press, Indianapolis, États-Unis, 363 p.

Reeves R.R., Stewart B.S., Clapham B.J., Powell J.A., 2002. *Guide to Marine Mammals of the World*, National Audubon Society, Alfred A. Knopf, New York, États-Unis, 528 p.

Reynolds III J.E., Odell D.K., 1991. *Manatees and Dugongs*, Facts On File, New York, États-Unis, 192 p.

Rice D.W., 1998. *Marine Mammals of the World*, Systematics and Distribution, Special Publication, 4, The Society for Marine Mammalogy, 231 p.

Ridgway S.H. (ed). *Mammals of the Sea: Biology and medicine*, Charles Thomas Publ., Springfield, États-Unis, 812 p.

Riedman M., 1990a. *Sea Otters*, Monterey Bay Aquarium, Monterey, États-Unis, 80 p.

Riedman M., 1990b. *The Pinnipeds: Seals, sea lions, and walruses*, University of California Press, Berkeley, États-Unis, 439 p.

Ripple J., Perrine D., 1999. *Manatees and Dugongs of the World*, Voyageur Press, Stillwater, États-Unis, 140 p.

Robineau D., 2007. *Une histoire de la chasse à la baleine*, Planète vivante, Vuibert, Paris, 250 p.

Shirihai H., Jarett B., 2007. *Guide des mammifères marins du monde*, Delachaux & Niestlé, Paris, 394 p.

Slijper E.J., 1979. *Whales*, Cornell University Press, Ithaca, États-Unis, 511 p.

Stirling I., 2011. *Polar Bears: The Natural history of a threatened species*, Fitzhenry & Whiteside, Markham, Canada, 330 p.

Stirling I., Guravich D., 1990. *Polar Bears*, The University of Michigan Press, Ann Arbor, États-Unis, 320 p.

Sylvestre J.-P., 2005. *L'Ours*, Les Éditions de l'Homme, Montréal, Québec, 123 p.

Sylvestre J.-P., 2009. *Le Grand Dauphin et ses cousins*, Delachaux & Niestlé, Paris, 192 p.

Sylvestre J.-P., 2010. *Les Baleines et autres rorquals*, Delachaux & Niestlé, Paris, 192 p.

Sylvestre J.-P., 2014a. *Si le chant des baleines s'éteignait : Menaces sur les mammifères marins*, Albin Michel, Paris, 332 p.

Sylvestre J.-P., 2014b. *Cétacés du monde : Systématique, écologie, biologie, écologie, statut*, Quæ, Versailles, 320 p.

Sylvestre J.-P., 2017. *Les Baleines et autres cétacés du Saint-Laurent*, Les Éditions GID, Québec, 203 p.

Sylvestre J.-P., Marion R., 1993. *Guide des otaries, phoques et siréniens*, Delachaux & Niestlé, Lausanne, Suisse, 159 p.

Thewissen J.G.M. (eds), 1998. *The Emergence of Whales: Evolutionary patterns in the origin of cetacean*, Plenum Press, New York, États-Unis, 477 p.

Thewissen J.G.M., Dillard J., 2014. *The Walking Whales: From land to water in eight millions years*, University of California Press, Oakland, États-Unis, 245 p.

Wilson D.E., Mittermeier R.A. (eds), 2009. *Handbook of the Mammals of the World, vol. 1, Carnivores*, Lynx Ed., Barcelone, Espagne, 727 p.

Wilson D.E., Mittermeier R.A. (eds), 2014. *Handbook of the Mammals of the World, vol. 4, Sea Mammals*, Lynx Ed., Barcelone, Espagne, 614 p.

Crédits iconographiques

Toutes les photos (couverture et pages intérieures) sont de Jean-Pierre Sylvestre.

Légendes des photos :

Page 4 : Mère et veau bélugas. Le béluga est un cétacé essentiellement arctique, acclimaté aux eaux côtières, très souvent chargées de banquise. Sa population mondiale est estimée à 10 à 20 millions d'individus.

Page 6 : Bien que mesurant environ 15 mètres de long et pesant entre 35 et 40 tonnes, le mégaptère, ou rorqual à bosse, est réputé pour ses prouesses acrobatiques. Ce cétacé saute fréquemment hors de l'eau, son corps retombant sur un flanc, sur le dos, ou encore sur le ventre.

Pages 162-163 : Groupe de dauphins tachetés (*Stenella attenuata*) jouant, à l'étrave d'un bateau. Cette espèce, plutôt pélagique, fréquente les eaux tropicales, subtropicales et tempérées chaudes.

Page 167 : Cet ours blanc se promène sur les berges de l'île Philpots, au Nunavut. Près de 15 000 individus vivent sur le territoire canadien, c'est-à-dire plus de la moitié de la population mondiale de cette espèce.

Édition : Mickaël Legrand et Juliette Blanchet

Mise en page (couverture et intérieur) : Paul Mounier-Piron

Coordination éditoriale : Sylvie Blanchard

Achevé d'imprimer par imprimerie Ulzama